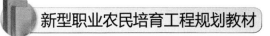

新型职业农民培育工程规划教材

生态农业生产技术

◎ 李素珍　杨　丽　陈美莉　主编

中国农业科学技术出版社

图书在版编目（CIP）数据

生态农业生产技术／李素珍，杨丽，陈美莉主编．—北京：中国农业科学技术出版社，2015.6

（新型职业农民培育工程规划教材）

ISBN 978-7-5116-2143-6

Ⅰ.①生… Ⅱ.①李… ②杨… ③陈… Ⅲ.①生态农业-农业技术-教材 Ⅳ.①S181

中国版本图书馆 CIP 数据核字（2015）第 134872 号

责任编辑	徐 毅
责任校对	贾海霞

出 版 者	中国农业科学技术出版社
	北京市中关村南大街12号　邮编：100081
电　　话	(010)82106631(编辑室)　　(010)82109702(发行部)
	(010)82109709(读者服务部)
传　　真	(010)82106631
网　　址	http://www.castp.cn
经 销 者	各地新华书店
印 刷 者	北京昌联印刷有限公司
开　　本	850mm×1168mm　1/32
印　　张	5.75
字　　数	140千字
版　　次	2015年6月第1版　2016年7月第3次印刷
定　　价	22.00元

◄━━ 版权所有·翻印必究 ━━►

新型职业农民培育工程规划教材
《生态农业生产技术》
编委会

主　任　张　锴

副主任　郭振升　李勇超　彭晓明

主　编　李素珍　杨　丽　陈美莉

副主编　郑旭芝　刘敬彦　全冬艳

编　者　赵玉兰　王爱萍　田迎春

　　　　田晓菲　王　君

序

　　随着城镇化的迅速发展,农户兼业化、村庄空心化、人口老龄化趋势日益明显,"关键农时缺人手、现代农业缺人才、农业生产缺人力"问题非常突出。因此,只有加快培育一大批爱农、懂农、务农的新型职业农民,才能从根本上保证农业后继有人,从而为推动农业稳步发展、实现农民持续增收打下坚实的基础。大力培育新型职业农民具有重要的现实意义,不仅能确保国家粮食安全和重要农产品有效供给,确保中国人的饭碗要牢牢端在自己手里,同时有利于通过发展专业大户、家庭农场、农民合作社组织,努力构建新型农业经营体系,确保农业发展"后继有人",推进现代农业可持续发展。培养一批具有较强市场意识,有文化、懂技术、会经营、能创业的新型职业农民,现代农业发展将呈现另一番天地。

　　中央站在推进"四化同步",深化农村改革,进一步解放和发展农村生产力的全局高度,提出大力培育新型职业农民,是加快和推动我国农村发展,农业增效,农民增收重大战略决策。2014年农业部、财政部启动新型职业农民培育工程,主动适应经济发展新常态,按照稳粮增收转方式、提质增效调结构的总要求,坚持立足产业、政府主导、多方参与、注重实效的原则,强化项目实施管理,创新培育模式、提升培育质量,加快建立"三位一体、三类协同、三级贯通"的新型职业农民培育制度体系。这充分调动了广大农民求知求学的积极性,一批新型职业农民脱颖而出,成为当地农业发展,农民致富的领头人、主力军,这标志着我国新型职业农民培育工作得以有序发展。

我们组织编写的这套《新型职业农民培育工程规划教材》丛书,其作者均是活跃在农业生产一线的技术骨干、农业科研院所的专家和农业大专院校的教师,真心期待这套丛书中的科学管理方法和先进实用技术得到最大范围的推广和应用,为新型职业农民的素质提升起到积极地促进作用。

2015 年 5 月

前　言

据资料显示，农业源污染排放量已占到全国总排放量的"半壁江山"，如此巨大的污染排放意味着我国农业环境污染问题已到了非整治不可的地步。同时，党的"十八大"报告中也把"生态文明建设"首次提升到更高的战略层面，要求加大自然生态系统和环境保护力度。为了帮助农民朋友了解生态农业生产知识，学习生态农业技术，我们参考了大量国内外最新资料，结合全国各地的生态农业生产经验，编写了《生态农业生产技术》一书。

本书以"农业生态技术"为核心，重点介绍了生态农业概况、生态种植技术、生态养殖技术、种养结合技术、生态加工技术、农业清洁生产技术、生态环境恢复与治理技术、生态减灾技术等8个方面。

本书紧扣生产实际，注重系统性和实用性，内容翔实，语言通俗易懂，文中穿插了最新案例。本书可作为农民培训的辅导教材，也可作为广大农民进行生态农业生产的参考用书。

限于编者水平，加之编写时间仓促，教材中错误和疏漏之处在所难免，敬请予以指正。

编者

2015年4月

目　录

第一章　生态农业概述 ……………………………………（1）
　第一节　生态农业的内涵 ………………………………（1）
　第二节　生态农业的主要特征 …………………………（2）
　第三节　生态农业发展背景与意义 ……………………（4）
第二章　生态种植技术 ……………………………………（6）
　第一节　因土种植技术 …………………………………（6）
　第二节　立体种植技术 …………………………………（11）
　第三节　作物轮作技术 …………………………………（21）
第三章　生态养殖技术 ……………………………………（39）
　第一节　生态养禽技术 …………………………………（39）
　第二节　生态养猪技术 …………………………………（48）
　第三节　生态养羊技术 …………………………………（54）
　第四节　生态养牛技术 …………………………………（60）
　第五节　生态养兔技术 …………………………………（68）
第四章　种养结合技术 ……………………………………（75）
　第一节　农牧结合技术 …………………………………（75）
　第二节　农渔结合技术 …………………………………（83）
　第三节　农业微生物结合技术 …………………………（94）
第五章　生态加工技术 ……………………………………（102）
　第一节　农产品加工业的地位和作用 …………………（102）
　第二节　农产品安全生产的主要环节 …………………（104）
　第三节　生态加工的关键技术 …………………………（107）

  第四节 农产品加工业的发展趋势 ……………………（109）
第六章 农业清洁生产技术 ……………………………………（115）
  第一节 清洁生产概述 ……………………………………（115）
  第二节 农业化学品对农业生产环境的影响 ……………（118）
  第三节 农业清洁生产的对策与措施 ……………………（123）
  第四节 农业清洁生产的关键技术 ………………………（130）
第七章 生态环境恢复与治理技术 ……………………………（136）
  第一节 土壤污染区的恢复与治理技术 …………………（136）
  第二节 水土流失区的恢复与治理技术 …………………（140）
  第三节 生态脆弱区的恢复与治理技术 …………………（145）
第八章 生态减灾技术 …………………………………………（159）
  第一节 农业灾害概述 ……………………………………（159）
  第二节 农业生物灾害减灾技术 …………………………（161）
  第三节 农业气象灾害减灾技术 …………………………（164）
  第四节 农业地质灾害减灾技术 …………………………（170）
参考文献 ………………………………………………………………（173）

第一章 生态农业概述

第一节 生态农业的内涵

一、生态农业的概念

生态农业是当今世界人类在面临粮食缺乏挑战下提出的新观念,最早是由美国密苏里大学 William (1971) 提出来的。

生态农业是按照生态学原理和生态经济规律,因地制宜地设计、组装、调整和管理农业生产和农村经济的系统工程体系。它要求把发展粮食与多种经济作物生产,发展大田种植与林、牧、副、渔业,发展大农业与第二、第三产业结合起来,利用传统农业精华和现代科技成果,通过人工设计生态工程、协调发展与环境之间、资源利用与保护之间的矛盾,形成生态上与经济上两个良性循环,经济、生态、社会三大效益的统一。

发展生态农业的主要目的是提高农产品的质和量,满足人们日益增长的需求;使生态环境得到改善,不因农业生产而破坏或恶化环境;增加农民收入。

二、中国生态农业的内容

中国生态农业与西方那种完全回归自然、摒弃现代科技化投入的生态农业主张完全不同。中国生态农业的内容主要包括5个方面。

(1) 建立综合农业体系。调整农业生态结构,建立综合农业体系，统一规划、协调农、林、牧、副、渔业生产，使每种农产品和"废物"，均能作为另一种农业环节上的原料或饲料，沿着食物链多次循环利用，变废为宝，形成无废料、无污染的农业生产系统。

（2）提高生产率。充分利用太阳能，提高生产率。因地制宜建立立体式农业结构，把山、水、林、田连成一个整体，提高植物对太阳能的吸收和利用。

（3）开发能源。加强农村能源建设，比如，发展农村沼气、开发利用水能、风能、地热能等，降低能量消耗。

（4）扩大肥源。科学地使用肥料，多施有机肥，实行秸秆过腹还田。改革耕作制度，提高土壤肥力。

（5）防止农村环境污染。

（6）改善和提高农民生活和收入。

第二节 生态农业的主要特征

一、整体性

生态农业是一种整体性农业，它的结构十分复杂，具有层次多、目标多、联系多的特点，构成复杂的立体网络。它按经济生态规律要求进行调控，把农、林、牧、副、渔、工、商、运输等各业组成综合经营体系，整体发展。

二、层次性

生态农业有多级子系统，比如，庭院生态农业、温室生态农业、小区生态农业、县域生态农业等。各个子系统在功能上有差别：有的进行粮食生产，有的进行蔬菜生产，有的进行林果、畜牧生产，有的进行综合生产。所有这些都为人类的食物生产开辟了多种途径，可通过横向联系，组成一个综合经营体。

三、地域性

生态农业具有明显的地域性，地域性决定了其空间异质性和生物多样性，决定了农业生产必须因地制宜。例如，过去为了追求粮食产量，一味地进行陡坡开荒，结果造成了严重的水土流失。因此，为促进山区农业经济的发展，必须退耕还林还草，进行生态农业开发。

四、可调控性

可根据生态学原理对农业生产的各个环节进行调控。自然调控与人为调控相结合，通过资源的充分利用，工程措施与生物措施的运用等，变不利因素为有利因素，促进农业发展。

五、高效性

生态农业通过农业物质循环和能量多层次综合利用和系列化深加工，实现经济增值，实行废弃物资源化利用，降低农业成本，提高效益，为农村大量剩余劳动力创造农业内部就业机会，保护农民从事农业的积极性。

六、持续性

发展生态农业能够保护和改善生态环境，防治污染，维护生态平衡，提高农产品的安全性，变农业和农村经济的常规发展为持续发展，把环境建设同经济发展紧密结合起来，在最大限度地满足人们对农产品日益增长的需求的同时，提高生态系统的稳定性和持续性，增强农业发展后劲。

七、稳定性

生态农业系统是一个结构合理、功能协调的良性循环系统，其缓冲能力较强，使系统在一定的外力干扰条件下，仍能稳定地发展。

第三节 生态农业发展背景与意义

一、生态农业发展背景

我国是一个农业大国，也是世界上最大的发展中国家之一，农业经济在国民经济中占有举足轻重的地位。长期以来，农业经济的发展模式还比较落后，仍然是粗放式的生产经营，造成了高投入、高消耗、高污染、高排放、低回报的不良循环，给生态环境造成了严重的破坏，水体污染、土壤污染、土壤沙化、空气污染，植被破坏、乱砍滥伐等现象仍时有发生。

人类对自然界无节制的开采与破坏，严重影响了自然环境的协调与平衡，导致多种自然灾害频频发生，如山洪、泥石流、地震、海啸、洪水、酸雨、大气污染、雾霾、洪水、干旱等，人类正在为自己的破坏行为接受自然界的惩罚。

因此，在尊重自然、保护生态环境的基础上，发展农业经济、促进农业生产，推动生态农业、绿色农业、现代农业的可持续发展。

二、生态农业发展意义

第一，为建设具有中国特色的现代农业找到一条根本途径。生态农业吸取我国传统农业的精华和国外农业发展的经验教训，从我国国情出发遵照生态学的原理和应用现代科学技术方法进行农业生产，大大提高了农业生产水平和可持续发展的能力，有力地促进了农业发展战略的转移和加速农业现代化的进程。

第二，有利于农业资源的开发利用和保护，减少对生态环境的污染。发展生态农业，可以避免对自然资源掠夺式经营和滥用，对农业的可更新资源注意增殖，对不更新资源注意保护和利用，使自然资源能得到持续的利用，促进生态良性循环，为农业经济发展创造良好的生态环境。

第三，有利于提高农业生产的综合效益，促进农业长期稳定地发展。生态农业能大大提高经济效益。生态农业能充分合理地利用、保护和增殖自然资源，加速物质循环和能量转化，有显著的生态效益。它又能为社会创造数量多、质量好的多种多样的农产品，满足人们对农产品不断增长的需求。因此，生态农业的发展，必将促进整个国民经济的全面发展。

第二章 生态种植技术

第一节 因土种植技术

作物因土种植技术是指按照作物对土壤水分、养分、质地、酸碱度及含盐度等的适应性科学安排作物种植的一种技术。

一、作物对水分的适应性

不同的作物在生长过程中,需要的水分不同。根据作物对水分的需求量,可以分为以下几种类型。

1. 喜水耐涝型

喜水耐涝型作物喜淹水或应在沼泽低洼地生长,在根、茎、叶中均有通气组织,如水稻。

2. 喜湿润型

喜湿润型作物在生长期间需水较多,喜土壤或空气湿度较高,如陆稻、苘麻、黄麻、烟草、大麻、蚕豆、莜麦、马铃薯、油菜、胡麻及许多蔬菜。

3. 中间水分型

中间水分型作物既不耐旱也不耐涝,或前期较耐旱,中后期需水较多。在干旱少雨的地方虽然也可生长,但产量不高不稳,如小麦、玉米、棉花、大豆等。

4. 耐旱怕涝型

许多作物具有耐旱特性,如糜子、谷子、苜蓿、芸芥、扁豆、大麻子、黑麦、向日葵、芝麻、花生、黑豆、绿豆、苘麻等。

5. 耐旱耐涝型

耐旱耐涝型作物既耐旱又耐涝，适应性很强，在水利条件较差的易旱地和低洼地都可种植，并可获得一定产量，如高粱、田菁、草木樨等。

二、作物对土壤肥力的适应性

土壤的瘠薄与肥沃是作物布局经常遇到的问题，不同作物对土壤养分的适应能力有显著差别。根据作物对土壤肥瘦适应性的不同，可分为以下几种类型。

1. 耐瘠型

耐瘠型作物是指能适应在瘠薄地上生长。这类作物主要有3种。一是具有固氮能力的豆科作物，如绿豆、豌豆及豆科绿肥（苜蓿、紫云英等）；二是根系强大、吸肥能力强的作物，如高粱、向日葵、荞麦、黑麦等；三是需肥较少的作物，如谷、糜、大麦、燕麦、胡麻等。

2. 喜肥型

这类生物根系强大，吸肥多；或要求土壤耕层厚、供肥能力强，如小麦、玉米、棉花、杂交稻、蔬菜等。

3. 中间型

这些作物需肥幅度较宽，适应性较广。在瘠薄土壤中能生长，在肥沃土壤中生长更好。如籼型水稻、谷子等。

三、对土壤质地的适应性

土壤质地是土壤物理性状的一个重要特性，它影响到土壤水分、空气、根系发育及耕性，也影响到保水保肥的能力。

不同作物对不同的土壤质地适应性是不同的，大致可分为以下几种类型。

1. 适沙土型

沙土质地疏松，总孔隙度虽小，但非毛管孔隙大，持水量小，蒸发量大，升温降温较快，昼夜温差大。蓄水保肥性差，肥力较低。凡是在土中生长的果实或块茎块根类作物对沙性土壤有特殊的适应性，如花生、甘薯、马铃薯等。另外，西瓜、苜蓿、沙打旺、红豆草、草木樨、桃、葡萄、大枣、大豆等对沙土地较适应。

2. 适黏土型

黏土保肥保水能力强，但通透性不良，耕作难度大。适宜种植水稻、小麦、玉米、高粱、大豆、豌豆、蚕豆也适宜在偏黏的土壤上生长。

3. 适壤土型

多数农作物都适宜在土壤上种植，如棉花、小麦、玉米、谷子、大豆、亚麻、烟草、萝卜等。

四、作物对土壤酸碱度和含盐量的适应性

因土壤酸碱度和含盐量的不同，适应的作物有如下几种。

1. 宜酸性作物

在 pH 值 5.5~6 的酸性土壤中，适宜的作物有：黑麦、荞麦、燕麦、马铃薯、甘薯、小花生、油菜、烟草、芝麻、绿豆、豇豆、木薯、羽扇豆、茶树、紫芸英等。

2. 宜中性作物

pH 值 6.2~6.9 的中性土壤一般各种作物皆宜。

3. 宜碱性作物

在 >pH 值 7.5 的土壤中适宜生长的作物有：苜蓿、棉花、甜菜、荁子、草木樨、枸杞、高粱。

4. 耐强盐渍化作物

如向日葵、蓖麻、高粱、苜蓿、草木樨、紫穗槐、荁子等。

5. 耐中等盐渍化作物

如水稻、棉花、黑麦、油菜、黑豆等。

6. 不耐盐渍化作物

如糜、谷、小麦、大麦、甘薯、马铃薯、燕麦、蚕豆等。

五、地貌对作物布局的影响

我国地貌十分复杂，有"七山二水一分田"之说。地貌的差别影响到光、热、水、土、肥的重新分配，从而影响到作物的分布和种植。

1. 地热对作物布局的影响

集中表现在作物分布的垂直地带性上。随着地势的升高，温度下降、降水增多。气候的变化势必对作物种植类型产生影响。

2. 地形对作物布局的影响

地形主要是指地表形状及其所处位置。在山区，阴坡与阳坡对作物布局影响很大。在作物配置时，阳坡应多种喜光耐旱的糜、甘薯、扁豆等作物；阴坡应多种耐阴喜湿润的马铃薯、黑麦、荞麦、莜麦、油菜等作物。

【案例】

"因土施肥"丰收又环保

来自合肥市土肥站的一项统计显示，2009年，合肥市实施测土配方施肥耕地面积288万亩（15亩＝1公顷。全书同），累计推广410万亩次（含复种指数在内），按亩均节本增效47.5元计算，仅此一项就为农民增收1.95亿元。

新法施肥麦稻大丰收

合肥市长丰县杜集乡农民江广俊在当地承包了2 000亩土地，

2008年年底，在市土肥站的专家以及该县新农测土配方施肥合作社的帮助下，对2 000亩小麦实施了测土配方施肥。2009年春天，小麦收割后，一过秤，结果令人兴奋：应用配方肥后，小麦亩（1亩≈667m^2。全书同）产量比常规施肥高出近100kg，2 000亩小麦因此多产了20万kg。

因测土配方施肥而受益的农民不仅江广俊一人。2009年，肥西县严店乡种粮大户颜德敏、上派镇种粮大户姚尧等，也都应用了该县提供的测土配方施肥服务，结果，他们种植的水稻大获丰收，每亩水稻增产47.5kg，节本增效100多元/亩。

"因土施肥"增土地收益

据合肥市土肥站统计，2009年，合肥实施测土配方施肥项目县（区）4个，共推广测土配方施肥面积288万亩，累计推广面积410万亩次（含复种指数在内），平均每亩节本增效47.5元，全市总节本增效达到1.95亿元。

如此施肥可减少面源污染

测土配方施肥的窍门在哪里？据土肥站相关人员分析说，农户一般不知道所种作物的土壤缺少什么元素，导致施肥不平衡，出现肥料浪费。而测土配方施肥，在施肥前先测量土壤中的元素组成，然后根据不同作物的需要，有针对性地施肥，做到"因土施肥"、"因物施肥"，不仅提高了肥料利用率，而且有效避免不合理施肥对农业生态环境造成的面源污染。

第二节 立体种植技术

一、立体种植的概念和类型

1. 立体种植的概念

立体种植是指在一定的条件下，充分利用多种农作物不同生育期的时间差，不同作物的根系在土壤中上下分布的层次差、高矮秆作物生长所占用的空间差以及不同作物对太阳能利用的强度等的相互关系，有效地发挥人力、物力、时间、空间和光、温、气、水、肥、土等可能利用的层次和高峰期，最大限度地实现高产低耗、多品种、多层次、高效率和高产值，以组成人工生态型高效复合群体结构的农业生产体系。

立体种植是发展立体农业的主要组成部分。它是根据植物生态学和生态经济学原理，组织农业生产的一种高效栽培技术。一方面，立体种植要利用现代化农业科学技术，充分利用当地自然资源，尽可能为人类生存提供更多、更丰富的农业产品，以取得最佳的经济效益；另一方面，还要利用各种农作物之间相互依存、取长补短、共生互补、趋利避害、循环往复与生生不息的关系，通过种类、品种配套和集约安排，创造一个较好的生态环境，通过一年和一地由多种农作物相互搭配种植的形式（这种形式是多种多样的），以达到提高复种指数，增产增收的目的。

2. 农作物立体种植的类型

农作物立体种植主要包括间作、混作和套作3种类型。

（1）间作。间作是指在同一田地上于同一生长期内，分行或分带相间种植两种或两种以上作物的种植方式。

所谓分带是指间作作物成多行或占一定幅度的相间种植，形成带状，构成带状间作，如4行棉花间作4行甘薯，2行玉米间作4行大豆等。间作因为成行种植,可以实行分别管理,特别是带状间作,较便于机械化或半机械化作业,与分行间作相比能够提高劳动生产率。

农作物与多年生木本作物相间种植,也称为间作。木本植物包括林木、果树、桑树、茶树等;农作物包括粮食、经济、园艺、饲料、绿肥作物等。平原、丘陵农区或林木稀疏的林地,采用以农作物为主的间作,称为农林间作;山区多以林(果)业为主,间作农作物,称为林(果)农间作。

间作与单作不同,间作是不同作物在田间构成人工复合群体,个体之间既有种内关系又有种间关系。

间作时,不论间作的作物有几种,皆不计复种面积。间作的作物播种期、收获期相同或不相同,但作物共处期长,其中,至少有一种作物的共处期超过其全生育期的一半。间作是集约利用空间的种植方式。

(2)混作。混作是指两种或两种以上生育季节相近的作物,在同一田块内,不分行或同行混种的种植方式。混合种植可以同时撒播于田里或种在1行内,如芝麻与绿豆,小麦与豌豆混作,大麦与扁豆混作,也可以一种作物成行种植,另一种作物撒播于其行内或行间,如玉米条播后撒播绿豆等。混作属于比较原始的种植方式,方法简便易行,但由于混作的作物相距很近,不便于分别管理。

(3)套作。套作是指在前作物生长期间,在其行间播种或栽种生育季节不同的后作物的种植方式,如每隔3垄小麦套种1行花生,或6行小麦套种2行棉花。它不仅比单作充分利用了空间,而且较充分地利用了时间,尤其是增加了后作物的生育期,这是一种较为集约的种植方式。因此,要求作物的搭配和栽培技术更加严格。

二、立体种植的优势

立体种植有以下7个方面的优势。

1. 充分利用光热资源

适宜的热量条件能提高光合速度,增加光合产物,提高作物产量。各种农作物所提供的干物质,有90%~95%是植物利用太阳能通过光合作用,将所吸收的二氧化碳和水合成有机物的。因此,发展立体种植的各类形式,可以最大限度地利用太阳能。

2. 改善通风条件,发挥边行优势

所谓边行优势(又称边行效应),是指作物的边行一般比里行长得好,产量也高,主要原因是边行的通风透光条件好。立体种植比平面单作增加许多种植带和中上部空间,不仅增加了边行数,还大大改善了通风透光条件。例如,小麦套种西瓜,虽然小麦的实际种植面积减少约1/3,但由于小麦的边行数增加几倍,边行的产量比里行可提高30%~40%,因而小麦每平方米产量基本上可做到不减或少减。这是立体种植增产的主要原因之一。

3. 充分利用时间和空间,发挥各方面的互利作用

不同作物之间,既相互制约,又相互促进,合理的立体种植方式,可以取长补短,共生共补。例如,麦田套种玉米,可以充分利用时间差和空间差,使玉米提前播种,延长生长期,还可以提早成熟,增加产量。春玉米与秋黄瓜或马铃薯间作,玉米给秋黄瓜和马铃薯遮阴,可使夏末的地温下降4~6℃,从而创造了较为阴凉的生态环境,减轻了高温的危害。这样,既可提前播种,延长生育期和提高产量,又可减轻黄瓜苗期病害的发生和传播,促进马铃薯提前发芽出土。

4. 充分利用水、肥和地力

立体种植可根据作物的需肥特点和根系分布层次合理搭配,做到深根作物与浅根作物相结合,粮、棉作物与瓜菜作物相结

合。在间作和套种两种以上作物的条件下，还可以做到一水两用、一肥两用，节水节肥。在一年五作的情况下，如采用"小麦、菠菜、春马铃薯、春玉米、芹菜（或芫荽）"的形式，土地利用率可提高1倍左右；在一年三作的情况下，土地利用率可提高20%以上。

5. 解决用地与养地的矛盾

我国华北地区的土壤肥力普遍偏低，主要表现在有机质含量低、蓄水和保肥能力差。要提高土壤有机质的含量，必须增施有机肥料，采取粮、草间作，农牧结合的措施。如"两粮、两草、一菜"即小麦、莕子（或豌豆）、玉米、夏牧草（或绿豆）、芫荽一年五作的立体种植形式，可以充分体现用地与养地相结合的特点，这种立体种植形式不仅可以保证小麦和玉米两季作物不减产，还可收 2 000 kg 优质牧草，牧草用来饲养牛、羊、兔等家畜，又可得到充足的优质粪肥用于养地，也可增加畜牧产品的收入。

6. 有利于发挥剩余劳力的作用，促进农村经济的发展

发展立体种植业，既可提高土地利用率，又可投入较多的劳力，实行精耕细作，提高产量和增加收入。这样，也可以积累较多的资金，促进乡镇企业的发展，乡镇企业发展了，又能吸收较多的剩余劳力，形成良性循环。

7. 提高经济效益、生态效益和社会效益

发展立体种植业，可以打破单一种植粮、棉、油的经营方式，有效地提高单位面积的产量和产值，不仅可以显著增加农民的经济收入，还可给市场提供丰富的农副产品，产生较好的社会效益。大量的产出，增加了大量的投入，还可相对节约成本，节约能源，构成良好的循环体系。通过多种作物的搭配种植，还可以改善单一的生态环境，产生较好的生态效益。

三、发展立体种植应具备的条件

1. 气候条件

温度、光照和降水量等气候条件，是作物生长和发育的基本条件，也是各种农作物赖以生存的基础。立体种植是一种高层次的种植方式，要求温度适宜，光照充足、降水量较多，生育期较长。

2. 自然资源

自然资源是发展立体种植业的先天因素。如果一个地区有丰富的水资源，加之公路交通方便，产销渠道畅通，煤、油和电的资源以及各种农作物的品种资源都相当丰富，那么该地区是适宜发展立体种植的。

3. 水、肥和土壤条件

立体种植业是一种多品种和多层次的综合种植方式。由于种植的品种多、范围广，经营的层次也高，一年当中，有时要种四五茬或更多，因而需要有足够的水源和肥料，同时，还要求有较好的土壤条件。没有充足的水源和配套的水利工程与器械，要想发展立体种植业，获得较高的产量和较高的经济效益，是不可能的。

4. 品种配套

从事立体种植业，不仅参与的作物种类较多，在同一种作物中，还要求与各类立体种植形式有相应的配套品种，诸如早熟与晚熟、高秆与矮秆、抗病与高产、大棵与小棵等。因为立体种植不同于一般单一种植，在不同时期和不同形式中，都要求有其相适应的配套品种，这样才能充分利用时间和空间，发挥品种的优势，获得高产和高效益。

5. 劳力和资金

立体种植业能够充分利用土地、资源和作物的生育期，各种作物在不同季节交错生长，一年四季田间的投工量大，几乎没有农闲时间。因此，需要有足够的劳力。此外，经营立体种植业，不仅要求水肥充足，还要增加地膜、农药、种子和各种农用器械的开支。因此，没有较多的资金投入，是不行的。

6. 科学技术水平

发展立体种植业，要求引进新技术、新的配套品种和先进的生产手段，因而生产者还要具备一定的科学文化水平，要通过不断的学习，才能较好地掌握各项新技术，取得较高的效益。

四、发展立体种植应遵循的原则

1. 总体经济效益高的原则

总体效益高是指在一定的范围和一定的时间内，从事立体种植所经营的各种形式中的不同作物，要具体分析其产品的产量、质量和价值，计算各种作物的单一经济效益和总体经济效益以及各类产品的生产量和市场需求前景，不能只看一种产品和在某一环节中的产量和价值。只有在各类形式中的多数产品都有发展前途，总体经济效益也有较大提高时，才是这一地区较好的和有较大推广价值的立体种植形式。

2. 不同生态类型的作物共生互利和自然资源得到充分利用的原则

立体种植业是一项系统工程。发展立体种植要从综合经营的观点出发，对不同作物的特性、生态型和它们之间的相互关系，既要有充分的了解，又要充分利用，使之共生互利，取长补短，以便发挥自然资源的优势，达到既不破坏生态环境，又能得到较大经济效益的目的。

3. 物质投入与产出相适应的原则

发展立体种植业，其主要目的是增加单位面积的农作物产量，除了要根据不同作物的特性选择适宜的肥水条件和田块外，还要针对其产品的产量和品质的需求，相应地增加物质投入。物质投入包括肥水、农药、器械和保护设施等。只有农业物质投入与产出相适应，才能满足各类作物的需要，增加其经济效益。否则，就必须及时调整种植形式，改变品种配置和经营方式，以免劳而无功，投入多，效益低，得不偿失。

4. 保证粮食总产不降低，并有稳定增长的原则

在我国人口增长迅速、耕地面积逐年减少的情况下，发展立体种植业，不仅要保证粮食产量在总体上不降低（主要指地区性的），还要有一定的增长幅度才行。如果把眼光仅仅盯在经济效益上，而忽视粮食生产，遇到灾年就会在局部或整体上出现问题。因此，在一个地区，特别是在较大的范围内推广某种粮食作物栽培少的立体种植形式，一定要统筹兼顾，牢牢掌握中央"决不放松粮食生产，积极发展多种经营"的方针，粮食作物与经济作物兼顾，并注重提高粮食作物和经济作物的商品价值，注重发展名、稀、特、优品种，以进一步提高立体种植的总体经济效益。

五、发展立体种植应注意的问题

在发展立体种植时应注意以下几个问题。

（1）应因地制宜地选用适合当地发展的总体经济效益高的种植方式。

（2）在立体种植中要注意粮、棉、油、果、菜、瓜等作物的比例关系，防止出现产大于销、价格下降和滞销的问题。

（3）注意市场供求关系，根据市场供求关系配套适宜的品种，早、中、晚熟品种适当搭配，并开发淡季品种，搞好贮藏保鲜、冬季销售，以实现销路好、价格高的经济效益。

（4）注意长短结合，以短养长。例如，果园立体种植就是一个好的例子，果是长效益的，而间套种的瓜、菜等则是短效作

物,果园立体种植可实现长短结合,以短养长。

(5)既要注意经济效益,又要重视生态效益。

(6)加强领导,重视科技培训工作,以保证立体种植业的发展及实现其高效益。

六、作物间套作技术

作物间作套种,可充分利用地力和光能抑制病、虫、草的发生,减轻灾害,实现一季多收,高产高效。

(1)株型要"一高一矮",即高秆作物与低秆或无秆作物间作套种。如高粱与黑豆、黄豆,玉米与小豆、绿豆间作套种。上述几种作物间套作,还有补助氮肥不足的作用。

(2)枝型要"一胖一瘦",即枝叶繁茂、横向发展的作物和无枝或少枝的作物间作套种,如玉米与马铃薯间作,甘薯地里种谷子。这样易形成通风透光的复合群体。

(3)叶型要"一尖一圆",即圆叶作物(如棉花、甘薯、大豆等)与尖叶作物(如小麦、玉米、高粱等)搭配。这种间套作符合豆科与禾本科作物搭配这一科学要求,互补互助益处多。

(4)根系要"一深一浅",即深根和浅根作物(如小麦与大蒜、大葱等)搭配,以充分利用土壤的养分和水分。

(5)适应性要"一阴一阳","一湿一旱",即耐阴作物与耐旱作物搭配,有利于彼此都能适应复合群体中的特殊环境,减轻旱涝灾害,旱也能收,涝不减产,稳产保收。

(6)生育期要"一大一小","一宽一窄",即主作物密度要大,种宽行,副作物密度要小,种窄行,以保证作物的增产优势,达到主作物和副作物双双丰收,提高经济效益。

(7)株距要"一稠一稀",即小麦、谷子等作物适合稠一些,因为这类作物秸秆细,叶子窄条状,穗头比较小,只有密植产量才会高;而间作套种的绿豆或小豆叶宽,又是股(枝)较多,只有稀植才能有好收成。

(8) 直立型要间作爬蔓型如玉米间种南瓜,玉米往上长,南瓜横爬秧,不但互不影响,并且南瓜花蜜能引诱玉米螟的寄生性天敌——黑卵蜂,通过黑卵蜂的寄生作用,可以有效地减轻玉米螟的为害,胜过施农药。

(9) 秆型作物间种缠绕型作物,如玉米是秆型作物,黄瓜是缠绕型作物,两者间作,不但能减轻或抑制黄瓜花叶病,并且玉米秸秆能代替黄瓜架,都能得到丰收。

【案例一】

林下间作 增绿富民

2015年,河北省邢台市临西县植树不再让速生杨唱主角,而是速生杨下,双季槐间作白芷、药用菊花,皂刺树间作丹参、油用牡丹。既增绿,又富民。

前些年,以大规模种植速生杨为主,反租倒包让农民有赚头。但是近几年,杨树价格下滑,农民觉得种杨树不合算了。"临西的林业生产,应该遵循绿美并重、生态与经济兼顾的原则,决定尝试高效益的林下间作新模式,为绿色富民产业闯路子。"临西县林业局局长说,自2013年6月起,他们辗转山西运城、安徽亳州、山东东阿与菏泽等地,考察了多个品种的基地种植、市场销售情况,最终筛定了适宜落户本土的双季槐、皂刺树、药用菊花、油用牡丹等高效益新品种,敲定"四季有绿、三季有花"的间作模式。

据参与"经济带"规划建设的县林业局副局长介绍,已动工的新童尖公路11.5km"绿色廊道"、1300亩通道绿化就可算出一笔可观的经济账。可栽植速生用材树4.26万株,年均生长木材1 100m³,按当前每立方米75元计算,年均木材产值83万元；外加双季槐年产的槐米、药用菊花年产的药菊、油用牡丹年产的牡丹，每年近1 100万元的收入，都将装进承包农户的腰包。

为鼓励更多承包大户和农民参与造林创业，保证农民利益最大化，县林业部门启动了"零风险"护航计划，并与山西运城、安徽亳州等地专业合作社签订协议，保证技术和销售服务。

该县规划了"经济带"建设，逐步实施"两个一千"富民工程，即1 000亩药用菊花林下种植示范工程和1 000亩苗圃林药间作高效益示范工程。

【案例二】

栗树下间作鼠茅草　以草治草

2015年春耕时节，怀柔区渤海镇的栗农们正为一年的好收成忙碌着。除剪枝嫁接管护板栗树外，栗农们还忙着在栗树下栽植一种名为鼠茅草的植物。"种上这种草，可以有效解决板栗树下杂草丛生的问题。"栗农刘付林介绍说。

以往，板栗树下如果不定时清理，就会杂草丛生，既影响栗树生长，到秋季时还影响栗农采收板栗。为解决树下杂草这一难题，怀柔区林业局经多番考察，选中了一种名为鼠茅草的植物。区林业局技术人员说："这种草在树下种植后，可有效抑制杂草的生长。鼠茅草从4月开始种植，8月渐渐枯萎，烂在地里无须清理，正好是板栗树较好的肥料，到9月板栗成熟时，不影响采收。"

据悉，怀柔区通过开展千亩板栗提质增效工程，从日本引进鼠茅草种子，免费发放给渤海镇、九渡河镇的栗农，让他们进行种植。此外，区林业局还从内蒙古等地进购由牛羊粪便发酵制作的有机肥料，免费提供给栗农，以提升板栗的品质和产量。

第三节　作物轮作技术

一、作物轮作概述

1. 轮作的概念

轮作是指在同一块田地上，在一定年限内按一定顺序逐年轮换种植不同作物的种植制度。如一年一熟条件下的大豆→小麦→玉米三年轮作，这是在年间进行的单一作物的轮作。在一年多熟条件下，既有年间的轮作，也有年内的换茬，如南方的绿肥→水稻→水稻→油菜→水稻→水稻→小麦→水稻→水稻轮作，这种轮作由不同的复种方式组成，因此，也称为复种轮作。

2. 连作的概念

连作，又叫重茬，与轮作相反，是指在同一块地上长期连年种植一种作物或一种复种形式。两年连作称为迎茬。在同一田地上采用同一种复种方式，称为复种连作。

二、轮作换茬的作用

轮作换茬的基本作用

作物生产中轮作换茬与否主要取决于前后茬作物的病虫草害和作物的茬口衔接关系，而茬口的衔接还与作物的用养关系、种收时间有关。

1. 减轻农作物的病虫草害

作物的病原菌一般都有一定的寄主，害虫也有一定的专食性或寡食性，有些杂草也有其相应的伴生者或寄生者，它们是农田生态系统的组成部分，在土壤中都有一定的生活年限。如果连续种植同种作物，通过土壤而传播的病害，如小麦全蚀病、棉花黄枯萎病、烟草黑胫病、谷子白发病、甘薯黑斑病必然会大量发

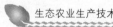

生。实行抗病作物与感病作物轮作,更换其寄主,改变其生态环境和食物链组成,使之不利于某些病虫的正常生长和繁衍,从而达到减轻农作物病害和提高产量的目的。

一些作物的伴生性杂草,如稻田里的稗草、麦田里的燕麦草、粟田里的狗尾草等,这些杂草与其相应作物的生活型相似,甚至形态也相似,很不易被消灭。一些寄生性杂草,如大豆菟丝子、向日葵列当、瓜列当等连作后更易滋生蔓延,不易防除,而轮作则可有效地消灭之。

2. 协调、改善和合理利用茬口

(1) 协调不同茬口土壤养分水分的供应。各种作物的生物学特性不同,自土壤中吸收养分的种类、数量、时期和吸收利用率也不相同。

小麦等禾谷类作物与其他作物相比,对氮、磷和硅的吸收量较多;豆科作物吸收大量的氮、磷和钙,但在吸收的氮素中,约 40%~60% 是借助于根瘤菌固定空气中的氮,而土壤中氮的实际消耗量不大,而磷的消耗量却较大;块根块茎类作物吸收钾的比例高,数量大,同时,氮的消耗量也较大;纤维和油料作物吸收氮磷皆多。不同作物对土壤中难溶性磷的利用能力差异很大,小麦、玉米、棉花等的吸收利用能力弱,而油菜、荞麦、燕麦等吸收能力较强。如果连续栽培对土壤养分要求倾向相同的作物,必将造成某种养分被片面消耗后感到不足而导致减产。因此,通过对吸收、利用营养元素能力不同而又具有互补作用的不同作物的合理轮作,可以协调前、后茬作物养分的供应,使作物均衡地利用土壤养分,充分发挥土壤肥力的生产潜力。

不同的作物需要水分的数量、时期和能力也不相同。水稻、玉米和棉花等作物需水多,谷子、甘薯等耐旱能力较强。对水分适应性不同的作物轮作换茬能充分而合理地利用全年自然降水和土壤中贮积的水分,在我国旱作雨养农业区轮作对于调节利用土壤水分，提高产量更具有重要意义。如在西北旱农区，豌豆收获后土壤内贮存的水分较小麦地显著增多，使豌豆成为多种作物的好前作。

各种作物根系深度和发育程度不同。水稻、谷子和薯类等浅根性作物，根系主要在土壤表层延展，主要吸收利用土层的养分和水分；而大豆、棉花等深根性作物，则可从深层土壤吸收养分和水分。所以，不同根系特性的作物轮作茬口衔接合理，就可以全面地利用各层的养分和水分，协调作物间养分、水分的供需关系。

（2）改善土壤理化性状，调节土壤肥力。各种作物的秸秆、残茬、根系和落叶等是补充土壤有机质和养分的重要来源。但不同的作物补充供应的数量不同，质量也有区别。如禾本科作物有机碳含量多，而豆科作物、油菜等落叶量大，豆科还能给土壤补充氮素。有计划地进行禾、豆轮作，有利于调节土壤碳、氮平衡。

轮作还具有调节改善耕层物理状况的作用。密植作物的根系细密，数量较多，分布比较均匀，土壤疏松结构良好。玉米、高粱根茬大，易起坷垃。深根性作物和多年生豆科牧草的根系对下层土壤有明显的疏松作用。据山西省农科院调查，苜蓿地中的水稳性团粒比一般麦地增多20%～30%。土壤物理性质的改善，可使土壤肥力得以提高。

3. 合理利用农业资源，经济有效地提高作物产量

根据作物的生理生态特性，在轮作中前后作物搭配，茬口衔接紧密，既有利于充分利用土地、自然降水和光、热等自然资源，又有利于合理使用机具、肥料、农药、灌溉用水以及资金等社会资源。还能错开农忙季节，均衡投放劳畜力，做到不误农时和精细耕作。

三、特殊轮作的作用与应用

1. 水旱轮作

水旱轮作是指在同一田地上有顺序地轮换种植水稻和旱作物的种植方式。这种轮作对改善稻田的土壤理化性状，提高地力和肥效有特殊的意义。例如，湖北省农业科学院（1979年）以绿肥—双季稻多年连作为对照，冬季轮种麦、油菜、豆类的双季稻田土壤容重变轻，明显增加土壤非毛管孔隙，改善土壤通气条件，提高氧化还原电位，防止稻田土壤次生潜育化过程，消除土壤中有毒物质（Mn、Fe、H_2S 及盐分等），促进有益微生物活动，从而提高地力和施肥效果。

水旱轮作比一般轮作防治病虫草害效果尤为突出。水田改旱地种棉花，可以扼制枯黄萎病发生。改棉地种水稻，水稻纹枯病大大减轻。

水旱轮作更容易防除杂草。据观察，老稻田改旱地后，一些生长在水田里的杂草，如眼子菜、鸭舌草、瓜皮草、野荸荠、萍类、藻类等，因得不到充足的水分而死去；相反，旱田改种水田后，香附子、马唐、田旋花等旱地杂草，泡在水中则被淹死。

在稻田，特别是在连作稻区，应积极提倡水稻和旱作物的轮换种植，这是实现全面、持续、稳定增产的经济有效措施。

2. 草田轮作（grassland rotation）

是指在田地上轮换种植多年生牧草和大田作物的种植方式，欧美较多，我国甚少，主要分布在西北部分地区。

草田轮作的突出作用是能显著增加土壤有机质和氮素营养。据资料介绍，生长第四年苜蓿每亩地(0~30cm)可残留根茬有机物840kg，草木樨可残留50kg，而豌豆、黑豆仅残留45kg左右。苜蓿根部含氮量为2.03%，大豆为1.31%，而禾谷类作物不足1%。可见，多年生牧草具有较强的、丰富的土壤氮素能力。

多年生牧草在其强大根系的作用下，还能显著改善土壤物理性质。

在水土流失地区，多年生牧草可有效地保持水土，在盐碱地区可降低土壤盐分含量。草田轮作有利于农牧结合，增产增收，提高经济效益。该种轮作应在气候比较干旱、地多人少、耕作粗放、土地瘠薄的农区或半农半牧区应用。

3. 轮作与作物布局的关系

作物布局对轮作起着制约作用或决定性作用。作物的种类、数量及每种作物相应的农田分布，直接决定轮作的类型与方式。旱地作物占优势，以旱地作物轮作为主；水稻和旱作物皆有，则实行水旱轮作；城市、工矿郊区以蔬菜为主，实行蔬菜轮作。一方面，作物种类多，轮作类型相对比较复杂，较易全面发挥轮作的效应；另一方面，作物布局也要考虑轮作与连作的因素。例如，在东北三江平原当大豆比例超过40%～50%时，不可避免地要重茬或迎茬（隔年相遇），从而导致大豆线虫病的加剧与产量的降低。

四、作物对连作的反应

1. 忌连作的作物

忌连作作物基本上又可分为两种耐连作程度略有差异的亚类：一类以茄科的马铃薯、烟草、番茄，葫芦科的西瓜及亚麻、甜菜等为典型代表，它们对连作反应最为敏感。这类作物连作时，作物生长严重受阻，植株矮小，发育异常，减产严重，甚至绝收。其忌连作的主要原因是，一些特殊病害和根系分泌物对作物有害。

另一类以禾本科的陆稻，豆科的豌豆、大豆、蚕豆、菜豆，麻类的大麻、黄麻，菊科的向日葵，茄科的辣椒等作物为代表，其对连作反应的敏感性仅次于上述极端类型。一旦连作，生长发育受到抑制，造成较大幅度的减产。这类作物的连作障碍多为病害所致。陆稻（水稻旱种）连作减产的主要原因是轮线虫及镰刀菌数量增加所致。这类作物宜间隔3~4年再种植。

2. 耐短期连作作物

甘薯、紫云英、苕子等作物，对连作反应的敏感性属于中等类型，生产上常根据需要对这些作物实行短期连作。这类作物在连作2~3年受害较轻。

3. 耐连作作物

这类作物有水稻、甘蔗、玉米、麦类及棉花等作物。它们在采取适当的农业技术措施的前提下耐连作程度较高。其中，又以水稻、棉花的耐连作程度最高。

（1）水稻。首先，水稻喜湿，可在较长期的淹水条件下正常生长。这是因为水稻体内通气组织发达，氧气可从地上部源源不断地供给地下根部，使根际中的还原性有毒物质 Fe、Mn 等氧化使其毒性丧失，根系免遭其害。其次，水稻与旱作物轮作，土壤处于不断的干湿交替之中，还原性有毒物质积累受阻，使作物受害不明显，也为长期连作创造了条件。

（2）棉花。棉花根系发达，分布广而深，吸收土壤养分的范围宽，且较均匀。在无枯黄萎病感染的情况下，只要施足化肥和有机肥，可长期连作而表现出高产稳产。如棉区有的地块连作年限可长达一二百年以上。

（3）麦类、玉米。两者均为耗地的禾谷类作物，在种植过程中，土壤有机质和矿质养分下降迅速。通过及时补足化肥和有机肥，在无障碍病害的情况下，长期连作产量较为稳定。但若施肥不足，则连作产量锐减。

五、茬口

茬口是作物轮作换茬的基本依据。茬口是作物在轮连作中，给予后作物以种种影响的前茬作物及其茬地的泛称。

(一)茬口特性的形成

茬口特性是指栽培某一作物后的土壤生产性能，是在一定的气候、土壤条件下栽培作物本身的生物学特性及其措施，对土壤共同作用的结果。

影响茬口特性形成的因素有3个。

1. 时间因素

前作收获和后作播栽季节的早晚，是茬口的季节特性表现。一般规律是，前茬收获早，其茬地有一定的休闲期，有充分的时间进行施肥整地，土壤熟化好，可给态养分丰富，对后作物影响好。反之，则差。据在河南旱农区调查，夏闲地、夏高粱和夏甘薯茬播种冬小麦的时间依次变晚，小麦产量也依次降低，其亩产量分别为178kg、137.5kg和81.5kg。

茬口的季节特性对后作物影响的时间较短，一般只影响一季后作物。

2. 生物因素

生物因素：包括作物本身、病虫杂草和土壤微生物区系及活动等。

(1)作物本身生物学特性对茬口特性的影响。某些作物收获后，茬地土壤中有机质和各种营养元素含量不同，因而表现出不同的茬口肥力特性。例如，豌豆茬有机质和有效肥力最高，后作物玉米产量也最高，豌豆茬玉米小区产量7kg，而大麦茬玉米只有5.5kg。

各种作物根系的形状、粗细、数量及其分布对茬地土壤的物理性状影响不同。作物覆盖度的大小与土壤的湿度、温度、松紧度关系密切，形成所谓的"硬茬"与"软茬"、"冷茬"与"热茬"、"干茬"与"润茬"等。作物根系和残体分解释放有毒的物质，对后作也产生不良影响。小麦、大麦、燕麦和玉米残体的水提液表现的毒性影响只短期存在，而高粱的残体在实验室和田间试验中均表现较长期的有毒作用，对后作影响较大，在低雨量年份，高粱后的高粱、鹰咀豆、木豆依次减产79%、87%和49%，正常雨量年份依次减产14%、10%、11%。

（2）土壤微生物对茬口特性的影响。不同的作物微生物区系、种类和数量不同，这些微生物对于后茬作物有的表现为有益，有的表现为有害。不同茬口的土壤微生物状况，对土壤肥力的影响有明显的区别，有的具有明显的正相关。

（3）病虫杂草对茬口特性的影响。前茬作物病虫害严重，对同科、同属的后茬作物就是不良的茬口。禾本科杂草多的茬地，尤其不适宜种植谷子。红蜘蛛重的茬地不宜种植棉花和大豆。立枯病重的茬地不宜种植棉花和烟草。病虫杂草严重的农田作物，如果连作多年，其不良后果还有积累作用。

3. 栽培措施因素

作物生长过程中所采取的各项农业技术措施，如土壤耕作、施肥（包括施菌肥和农药）、灌溉等对作物茬口特性的形成发生深刻的影响，处理得好，不仅使当季作物受益，而且使其后作物受到不同方面和不同程度好的影响。如茎叶类的作物烟草、蔬菜等，吸收消耗大量土壤养分，而归还土壤的养分甚微，由于对其管理精细，肥水充足，作物收获后仍有很多余肥，所以，还是后季作物的好前作，后季作物在少施肥的情况下，产量还比较高。

前作物对土壤的影响以及通过土壤又影响其后作物，产生不同的生产效果，茬口的好坏最终体现在后作的生长发育和产量上，研究茬口特性的意义就在于此。

但是作物的茬口特性是复杂的，茬口的好坏是有条件的，也是相对的。茬口好坏要看和什么作物相比，还要看在什么地方，以及在什么条件下。一般认为苜蓿茬是许多作物的好茬口，但对啤酒用大麦则因种子中含氮多，啤酒品质差，不是其好茬口。含氮多的茬口对需氮多的禾本科作物是好茬口，而对茄科的烟草则不是好茬口，也是因为含氮多而影响烟叶的品质。在黄淮平原夏大豆产区，豆茬在瘦地上是好茬口，因瘦地土壤中缺氮是主要问题，同时，在瘦地上豆科作物固氮能力强，能为本身和后作提供一定数量的氮素营养。但在肥地上豆茬就不一定是好茬口，因为这时不但其固氮能力差，而且茬口晚的特点更为突出，从而影响了冬小麦的播种期。晚熟作物对冬小麦常是坏茬，对下一年的春作物可能是好茬口。

总之，影响茬口特性的因素很多，在某种情况下，这种因素的影响是主要的，而在另一种情况下，别的因素的影响则可能变成主要的。因此，分析茬口特性时一定要全面考虑，并且判断茬口好坏也不能离开具体条件和对象，只有这样，才能正确地评定茬口，正确地为轮作或连作选择茬口，以利于前后茬相互衔接，扬长避短，趋利避害。

（二）不同类型作物茬口特性

作物种类繁多，茬口特性各异。划分依据不同，茬口特性表现也就不同。

1. 抗病与易感病类作物

禾本科作物对土壤传染的病虫害的抵抗力较强，比较耐连作。茄科、豆科、十字花科、葫芦科等作物易感染土壤病虫害，不宜连作。在轮作中，要坚持易感病作物和抗病作物相轮换的原则。同科、同属或类型相似的作物往往感染相同的病害，要尽量避免它们之间的连续种植。

同一作物的不同品种抗病能力不同，因此，选用抗病品种，进行定期或不定期的品种轮换也是防治作物病害的重要方法，尤其是对防治流行性强的气传病害（如水稻稻瘟病、小麦锈病、白粉病）、土传病害（如多种作物的线虫病、萎蔫病）以及其他方法难以防治的病害（如小麦、水稻、烟草的病毒病）更加经济有效。但单一抗病品种大面积种植多年后，在病原菌中就会出现对这个品种能致病的生理小种，使原来抗病品种丧失抗病力。因此，在一定范围内，把几个抗病性不同的品种搭配和轮换种植，可以避免优势致病生理小种的形成，并造成作物群体在遗传上的异质性或多样性，能对病害流行起缓冲作用，不至于因病害而造成全面减产。

2. 富氮与富碳耗氮类作物

从作物与土壤养分关系的角度来看，各类作物对于沉淀性元素（磷、钾、钙等）都是消耗的，但对于氮和碳却有消耗和增加之分。

（1）富氮类作物。主要是豆科作物，包括多年生豆科牧草、一年生豆科绿肥和食用豆科作物。其中，多年生豆科牧草，如苜蓿、三叶草等，富氮作用最显著，每亩固氮可达13.3kg。一年生食用豆科作物固氮较少，只有3.3kg，由于地上部分被人们收获，带走了相当部分的氮，其数量大体和所固定的氮相当，二者相互抵消，对土壤氮量增减没有明显的影响。但即或如此，比禾本科作物耗氮还是少得多。豆科绿肥固氮量一般每亩在2~3kg，翻埋后可全部归还土壤，具有一定的养地作用，但由于固氮量不多，对养地意义不能估价太高。

多年生豆科牧草根冠比大，如苜蓿、三叶草高达1∶3，而一年生豆科作物大致是1∶（8~10），前者有利于促进土壤有机质的积累，而后者的作用较小。绿肥对积累土壤有机质没有明显作用。据日本埼玉县试验，1926—1976年50年间绿肥区与氮、磷、钾化肥区土壤有机质基本相等，其相对含量只增加2.1%。中国农业科学院土肥所在山东省兖州地区的试验（1976—1978年）表明，在轮作中连续3年种植和翻压苕子作绿肥，土壤有机质含量提高不多（0.09%），但有机质品质有所改善，胡敏酸和富啡酸的比值有所增高，土壤结构也得到一定改善。

富氮类作物以其对土壤增氮和平衡土壤氮素的作用，成为麦类、玉米、水稻及各种经济作物的良好前作，表现不同程度的增产作用。

（2）富碳耗氮类作物。禾本科作物就属此类，主要包括水稻和各种旱地谷类作物小麦、玉米、谷子、高粱等。它们约占我国农作物总播种面积的70%左右，是我国的主要作物茬口类型。

禾谷类作物一般从土壤中吸收的氮素比其他作物多，在一般产量水平下，比大豆多吸收一倍甚至更多。氮吸收量中的10%~12%可以残茬根系的形式归还土壤，种植这些作物后，若不施氮肥，土壤氮平衡是负的，但从土壤碳素循环看，情况并非如此。禾本科作物在生长过程中固定了空气中大量碳素，据江苏省农业科学院（1980）测定，小麦总生物量928.4kg/亩，其中，根茬128.5kg/亩，茎叶411.4kg/亩。单季稻总生物量850.1kg/亩，其中，根茬122.2kg/亩，茎叶366.3kg/亩。刘巽浩等1980—1985年在北京试验得出，小麦—玉米一年两熟总生物量可达2 016kg/亩。可见，禾本科作物生物量很大，能够还田的根茬、茎叶数量也很多。从系统观点看，通过根茬或茎叶可以把所固定的大量碳素投入到土壤中去，因而有利于维持或增加土壤有机质的水平。

富碳耗氮作物，由于病害相对较少较轻，是易感病作物的良好前作。该类作物耗氮较多，其前作以豆类作物、豆科绿肥为好。禾、豆轮作换茬，相互取长补短，有利于土壤碳、氮平衡。

3. 半养地作物

这类作物主要包括棉花、油菜、芝麻、胡麻等。它们虽不能固氮，但在物质循环系统中返回田地的物质较多，因而可在某种程序上减少对氮、磷、钾养分的消耗或增加土壤碳素。例如，人们从这些作物中取走的东西是纤维和油（主要是碳），其他的茎叶、根茬和饼粕可以通过各种途径还田，特别是含氮、磷、钾及有机质丰富的饼粕的过腹还田，既起到饼粕作饲料，发展畜牧业的作用，又起到良好的肥料养地作用。一般每亩产菜籽50~

75kg，共可还田氮素 4.5～6.79kg，可基本维持原有土壤肥力水平，还可改善土壤物理性质。据中国农业科学院油料作物研究所（1977）试验分析，油菜田的土壤其自然结构大于 5mm 的水稳性团聚体比绿肥田多 10.7%～11.42%，土壤容重减少 0.08g/cm³，孔隙度增大 3.08%。因此，油菜茬在南方是水稻的良好前作，油菜田种稻，即使不再施肥，也比少施肥的冬闲田增产，甚至可和蚕豆田平产。在北方，油菜茬是高产作物玉米以及棉花的好前作。芝麻茬口早。土壤水分和土壤速效养分高，是小麦的好前作。

油菜、芝麻病害较多，不宜连作，棉花在枯黄萎病已被控制的情况下，比较耐连作，产量和品质也都较好。

4. 密植作物与中耕作物

这两类作物在保持水土、改善耕层土壤结构方面的功能差异悬殊，具有决然不同的茬口特性。密植作物如麦类、谷子、大豆、花生以及多年生牧草等，由于密度大，枝叶茂密，使覆盖面积大，覆盖时间长，覆盖强度增加，能缓冲雨滴特别是暴雨拍击地面，保持水土和改善土壤结构作用较好。而中耕作物如玉米、高粱、棉花等，行株距较大，植株对地面的覆盖度较小，经常中耕松土，连年种植常促使土壤结构破坏，导致径流量和冲刷量的加大，从而引起土壤侵蚀，造成土壤、土壤水分和土壤养分的丢失。

在丘陵、山区的坡地农田，应尽可能避免抗侵蚀能力差的中耕作物长期连作。如果限于条件非连作不可，最好与密植作物间作或混作，并采用等高线种植法，在可能条件下，最好把防侵蚀作用强的牧草和一年生作物结合起来，实行草田轮作，保持水土效果更好，玉米、三叶草轮作，年失土量和年径流量比密植作物小麦连作少，更比玉米连作少得多。我国黄河水利委员会天水水土保持试验站，把当地一般轮作改为草田轮作，第一年地表径流减少58%，土壤冲刷减少73.8%；第二年地表径流减少78.2%，土壤冲刷减少84.4%，表层土壤的有机质和团粒结构也有增加。

5. 休闲在轮作中的地位

休闲是在田地上全年或可种作物的季节只耕不种或不耕不种以息养地力的土地利用方式，根据休闲时间的长短，分为全年休闲和季节休闲。全年休闲主要分布在东北和西北地区。季节休闲又分为夏季休闲和冬季休闲，主要分布在华北和南方各省区。冬季休闲在南方又有冬晒和冬泡两种形式。

休闲的主要作用是通过土壤的冻融交替和干湿交替，改善土壤的物理性质，加速有机质矿化分解，提高土壤的有效肥力；通过耕耙作业蓄水纳墒，提高土壤水分含量，增强抗旱能力；通过休闲消除病虫，减少有毒物质。

休闲是轮作中一种特殊类型的茬口，是许多作物的好茬口。在南方稻区，冬季休闲地主要种植水稻。北方旱区夏闲地是冬小麦的良好前茬，冬闲地是各种春作物的好前茬。在西北和东北地区全年休闲地仍有一定面积，主要种植高产的粮食作物和经济作物。休闲在北方旱区意义重大，西北地区有"你有万石粮，我有歇茬地"之美称。因此。它是作物稳产、高产的重要措施。

另一方面，休闲地浪费了光、热、水、土资源，因而，随着农业现代化集约化、水利化的进展，休闲面积正在不断缩小。

间混套作是由两种以上作物组成的复合群体，形成复合作物的茬口，如玉米间作大豆茬，小麦与豌豆混作茬等。这种茬口既不同于甲作物，也有别于乙作物，情况比较复杂，尚需进一步探讨和研究。

(三) 茬口顺序与安排

近几年以来，广大农村正由自给和半自给性生产向商品性生产转化，反映在作物种植上受政策和市场价格的影响较大，哪种作物经济效益高就种哪种作物。这种情况造成轮作换茬的灵活性很大，甚至没有一定的轮换顺序与周期。但不管怎样，广大农村的轮作基本上还是遵循轮作倒茬的原则和茬口特性的。在一个地区总有几种比较固定的轮作倒茬方式（包括连作方式），特别是对于一些经济作物更是如此。那么轮作中茬口顺序怎样安排呢？一般原则是：瞻前顾后，统筹安排，前茬为后茬，茬茬为全年，今年为明年。

1. 把重要作物安排在最好的茬口上

由于作物种类繁多，必须分清主次，把好茬口优先安排优质粮食作物、经济作物上，以取得较好的经济效益和社会效益。对其他作物也要全面考虑，以利于全面增产。

2. 考虑前、后茬作物的病虫草害以及对耕地的用养关系

前茬要为后作尽量创造良好的土壤环境条件，在轮作中应尽量避开相互间有障碍的作物，尤其是相互感染病、虫、草害的作物要避开。在用、养关系上，不但要处理好不同年间的作物用养结合，还必须处理好上下季作物的用养结合，一般是含富氮作物的轮作成分在前，含富碳耗氮作物的轮作成分在后，以利氮、碳互补，充分发挥土地生产力。

3. 严格把握茬口的时间衔接关系

复种轮作中前茬作物收获之时，常常是后一作物适宜种植之比，因此，及时安排好茬口衔接尤为重要。一般是先安排好年内的接茬，再安排年间的轮换顺序。为使茬口的衔接安全适时，必须采取多种措施，如合理选择搭配作物及其品种，采取育苗移栽、套作、地膜覆盖和化学催熟等，这些措施均可促使作物早熟，以利及时接茬，最好还能给接茬农耗期留有一定余地。

【案例】

姜稻轮作种出"大名堂"

嘉兴市南湖区新丰镇"姜王"费正观卖掉最后一批姜种，细细算了一笔账。2014年，他种的2亩大棚"生姜+晚稻"，亩均收入高达6.1万元。"种了30多年姜，没想到能种出这样的'大名堂'。"费正观自豪地说。

据记载，明朝时新丰镇从印度引进生姜种植。在新丰姜农心里，最恐怖的就是发生姜瘟。费正观清楚记得，刚种姜时，每年都会发生姜瘟，最严重的一年曾颗粒无收。正因如此，已有数百年历史的新丰姜产业，一直无法推广壮大。

这种尴尬，止于"生姜+晚稻"轮作模式的出现。"种完生姜，土壤经过翻耕浸水，再种植晚稻，大大减少了病虫害。"新丰镇农业技术服务中心高级农艺师姚金林说，"生姜+晚稻"轮作模式，遵循自然法则，奥妙无穷。

2014年，新丰镇姜稻轮作面积达10 536亩，产值超过1.88亿元，成了当地农民增收的一大产业。

2亩地产出12万多元

在新丰镇竹林村，64岁的"姜王"费正观的6万元"高效田"，几乎成了新丰镇的一大旅游景点。人们纷纷上门参观取经。

费正观的5亩姜稻田，与住房相邻，呈"一"字整齐地排列，其中，2亩种的是大棚生姜，另外，3亩种的是露天生姜。大棚里，3月种下去的姜种，已长出10cm左右的绿芽；露天的田里，生姜苗才刚钻出尖尖小芽。

"与露天种姜相比，大棚种姜产量高，上市时间早。"费正观说，每年，大棚生姜上市时间在6月，比露天生姜早了近一个月。大棚、露天一起种，卖了大棚姜，紧接着又可卖露天姜，持续卖到9月，拉长了销售期。

2014年，费正观2亩大棚姜稻田共产出5 000 kg姜，其中，首批上市的1 650 kg嫩姜批发价卖到32元/kg，收入5.2万元。其余的4 400 kg老姜，就作种姜卖，售价16元/kg，收入7万元。总计收入12.2万元，亩均收入6.1万元。

"生姜高产高效，得益于'生姜+晚稻'这种粮经结合农作制度创新。"费正观说，收获大棚姜后，将大棚掀开，往地里灌水，还能再种一季晚稻。平均亩产500 kg，加上种粮补贴，每亩还有千余元利润。

"生姜+晚稻"水旱轮作，让新丰农民的口袋鼓了起来。据统计，目前新丰镇的生姜种植面积，以每年7%的速度递增，跃居该镇第一大农业产业。

轮作破解姜瘟病

新丰种姜，历史悠久。据当地镇志记载，清朝中后期，新丰姜达到鼎盛。新中国成立初期，新丰镇生姜种植面积最多时达3万多亩，占全国生姜市场的70%以上。全国收购生姜的商船云集于此，把姜销往华北、东北，还远销日本、俄国。

姜瘟病的困扰，让农民对这一传统优势农业渐失信心。费正观说，他曾试了许多方法，还是治不了姜瘟病："一块地上如果发生姜瘟，今后就不能再种姜。曾经放过染病姜种的地窖，也将成为'死窖'，不能再用来放姜种。"

1983年，当地农技部门首创了一种有效预防姜瘟的种植模式——姜稻轮作。费正观拿到了由省农业基金会赠送的生姜大棚，开始姜稻轮作的田间实验。

高级农艺师姚金林说："水旱轮作过程中土壤里能生成许多有益菌，就像给土壤添加'活'肥料。土力肥，生姜抵抗力增强，根能扎得更深，有效对抗姜瘟。"

"好种种好姜，好姜育好种。"费正观又觅得一个商机：育姜种。近年来，姜稻轮作收益高，种姜的农民越来越多，最缺的就是好姜种。

养殖户转型有出路

在姚金林办公桌上，放着一份"2015新丰镇姜稻轮作农户统计表"，表上新增了近百户新姜农的名字："大部分是养猪户转型而来。"

新丰是南湖区生猪养殖的密集区，生猪产业历史悠久、产业链完善，全镇共有生猪养殖户7 035户。其中，禁养区违建猪舍有3 493户，涉及面积1 058 998.216m^2。

"以前，猪棚乱搭乱建，房前屋后、溪边田里到处能见简易猪棚，臭气冲天、污水横流。"曾是养猪大户的冯永钢自曝当时养猪的场景。2014年，他家共拆除猪棚3 000m^2。

不养猪后干什么？"其实，我早就瞄准了生姜和蔬果种植。"冯永钢说。2014年下半年，冯永钢流转了60亩土地轮种生姜、甜瓜、马铃薯、黄瓜、水稻等。

原来，随着姜稻轮作农作制度的创新实践，目前，新丰镇又推广"大棚甜瓜+晚稻"、"大棚松花菜+晚稻"等8种新的种植模式，累计推广面积达48 507亩。

"一年收入比养猪翻了几倍。"冯永钢说，2014年他养猪亏本30万元，幸亏及时改种生姜果蔬。2014年11月，稻谷、马铃薯、甜瓜接连丰收。马铃薯亩均利润6 000元，甜瓜亩均利润7 000元，正在收成的黄瓜，每天每亩有500元收入。

"我最看好的还是12亩生姜。"冯永钢说，再过一个月，他就可以收获第一批嫩姜。冯永钢种姜采用"套棚生姜水稻"轮作新技术，就是将两个大棚套在一起，这样晚上也能恒温，比起单棚,套棚生姜上市时间,还要提前20天。"预计单个棚,光生姜收入至少3万元。"冯永钢盘算着。

数据显示,在新丰镇,8大轮作模式,亩均利润达1.5万余元,总产值近10亿元,为农户净增收7.35亿元,增产优质粮食达1 280万 kg。这种新的耕作模式,让姜农的钱袋子、政府的粮袋子和市民的菜篮子都满了。

第三章　生态养殖技术

第一节　生态养禽技术

一、生态养鸡技术

1. 选择优良的品种

生态养鸡最好选择"土种"鸡。"土种"鸡具有耐粗饲、抗病力强、适应性好等特点，例如，清远麻鸡、云南茶花鸡、湖南桃源鸡等都是优良的地方品种，较适应本土的气候与环境条件，而且体型小巧，反应灵敏，活泼好动，适宜放养。而那些体型笨重、神经敏感、抗病性差的高产蛋鸡和快大型肉鸡品种，则很难放养成功。

2. 打造适宜的生长环境

（1）正确选择场地。养鸡场应选址坡度不宜太大，最好是丘陵地带，以沙质土壤地为佳，并且要远离住宅区、主干道，环境偏僻且安宁，有清洁水源。同时，要远离其他养禽场，特别是养鸡场，避免场与场之间的交叉染病。鸡舍要建在地势高燥，背风向阳，坐北朝南处，鸡舍搭建不能过于简陋，能挡风避雨，地面无积水，不形成"窝风"，冬天可御寒保暖，夏天能通风散热。另外，场地足够大的，应划分区域轮养，每饲养 1~2 批鸡应变换场地，以利于草地昆虫的休养生息和减少疾病的传播。

（2）搞好环境卫生。每天要清除鸡舍内外粪便，对鸡粪、污染的垫草或污物要及时清理，作无害化处理，切勿乱堆乱放。

对食槽、饮水槽，要经常进行彻底清洗和消毒，保持供给清洁的饮水和无霉变的饲料。同时要经常施药喷杀蚊子和苍蝇，并每月灭鼠2~3次，防止鼠害传播疾病。

（3）执行消毒制度。鸡场门口设立消毒设施，对出入车辆、人员进行消毒；饲养员进入鸡舍要换工作服、鞋、帽；饲养员不得互相串岗。鸡舍内外运动场每周1~2次用5%百毒杀或10.2%过氧乙酸消毒；鸡场每月1~2次用2%~3%烧碱进行彻底消毒，也可用消和的石灰粉末（1kg生石灰加水350ml制成）撒布在阴湿地面、粪池周围及污水沟等处消毒。每批鸡在出栏后，先对鸡舍及运动场进行彻底的清洁后，用0.1%~0.2%消毒灵消毒，鸡舍也可用福尔马林熏蒸消毒（按每立方米空间用福尔马林30ml、高锰酸钾15g、加水15ml，密闭鸡舍12~24h，通风2d后可用）。场内常备消毒药至少2种，轮换使用。

3. 抓好免疫防病

（1）制定适合的免疫程序。生态放养鸡主要预防的疫病有：禽流感、鸡新城疫、鸡传染性法氏囊、鸡传染性支气管炎等，必须要抓好预防工作，主要是根据当地鸡病的流行特点，制定适合本场的免疫程序。

1日龄皮下注射马立克疫苗；5日龄法氏囊B87滴口；10日龄新城疫+传染性支气管炎H120疫苗滴鼻；14日龄禽流。感油乳剂灭活疫苗（H5、H9）皮下注射；18日龄法氏囊二价疫苗滴口、鸡痘疫苗刺翅；25日龄新城疫+传染性支气管炎H52滴眼，42日龄禽流感油乳剂灭活疫苗（H5、H9）皮下注射；47日龄新城疫+传染性支气管炎二联四价疫苗饮水，65日龄加倍饮水免疫；120日龄禽流感油乳剂灭活疫苗（H5、H9）免疫。

免疫用疫苗要买正规厂家生产的，并按要求贮存、运送和使用，同时，要遵守免疫操作规程，确保免疫效果。

（2）适当使用药物预防。生态放养鸡因野外活动及采食如蚯蚓、昆虫、杂草等，易患感冒和肠道疾病，例如，大肠杆菌、伤寒和寄生虫病等，只要用好预防药物，可减少疾病的发生。

1周龄内的小鸡，在饲料中投入恩诺沙星、痢特灵和大蒜素；2周龄时重复使用上述药物，预防小鸡白痢；3周龄后，在饲料中添加氯苯胍或氨丙啉等抗球虫药以预防，或球虫病发时在饲料中添加球必清或球菌净治疗，注意轮换用药拌料饲喂，防治鸡球虫病；鸡群放养后，每隔1个月要驱除体内寄生虫，常用药物有左旋咪唑、伊维菌素、丙硫咪唑等，拌料饲喂。预防流行性感冒等疫病每月至少连续1周，用0.1%禽泰克粉饮水或在饲料中添加0.04%的病毒灵，有一定预防作用。

4. 加强饲养管理

（1）供给适宜饲料。生态放养鸡，必须先在育雏室育雏3~4周，期间主要供给全价配合饲料，配以适量切碎的青菜叶或野菜叶，逐步锻炼鸡雏采食、消化粗饲料的能力。育雏4周脱温后，天气晴好才开始放养，放养初期要注意鸡群的召唤训练，召唤补饲则视鸡群的觅食量补给，原则是"早少晚多"，饲料供给由多量全价饲料转换成多量的粗粮，粗粮供给随着日龄的增大而增加，粗粮可以是玉米、稻谷、小麦、米糠、麦糠等，但至少保持20%以上全价配合饲料。在上市前20d，增加供给全价配合饲料，适当育肥，提高观感度。饲料供给要求新鲜、无发霉变质，并按生长期供给。

（2）日常管理。①育雏期要注意育雏的温度、湿度、光照、通风和饲养密度等的调节，特别是温度和湿度，室温在进雏1~3d时的35℃，之后，每3d降1℃，以小鸡"分散不打堆"为原则，降到21℃时维持，至放养前1周逐渐过渡到室外温度。

②每天注意观察鸡群状况，如采食、饮水、粪便、呼吸和神态等，发现病鸡时，应及时隔离和治疗，并对受威胁的鸡群及时采取有效药物预防，若发生急性、死亡大的疫病，及时向动物防

疫部门汇报，查明病原，根据发病情况，对受威胁鸡群进行紧急免疫接种或其他防控措施。

③极端天气不放鸡外出，已放养的，在刮风下雨前，应召唤鸡群返舍躲避，以免伤风感冒，或被水冲走，造成损失。

④竹林茶树果树喷洒农药防治病虫害时，应先驱赶鸡群到鸡舍内等安全处避开，一般雨天可避开2~3d，晴天3~6d，以防鸡只食入喷过农药的树叶、青草等中毒。

⑤放养鸡应在育雏期后将公、母分开放养，并实行"全进全出"管理。公鸡饲养约120d上市，母鸡饲养约180d上市，此时肉质适度，"鸡味"浓郁，颇受消费者欢迎。

二、生态养鸭技术

1. 生态养鸭的基本模式

当前生态养鸭的基本饲养模式是在舍内设置30~40cm的地下或地上式垫料坑，填充锯末和稻壳（或秸秆）等垫料，利用微生物制剂对垫料进行发酵，形成有益菌繁殖的小环境，抑制和分解有害菌；鸭粪尿直接排放在垫料上，实现粪污零排放；粪尿加速了垫料微生物的发酵，产生热量，保证鸭能正常越冬；恢复了鸭的刨食习性，采食发酵产生的菌体蛋白，成为鸭的补充料；垫料可持续利用3年左右；整个饲养过程达到零排放、无臭味、无污染。

2. 生态养鸭的饲养管理与传统养鸭模式没有特殊的地方

与传统养鸭一样，首先要打好疫苗，控制疾病的发生；进入生态鸭舍的鸭大小必须较为均衡，健康；保持适当的密度：6~8只/m^2；在鸭饲料中最好不要添加抗生素；鸭舍卷帘通常是敞开的，以利于通风，带走发酵舍中的水分；在天气闷热，尤其是盛夏时节，开启风机强制通风，以达到防暑降温目的；日常检查鸭群生长情况，把太小的鸭挑出来，单独饲养。

3. 生态养鸭的两个技术关键

（1）发酵床垫料充分发酵，发酵床垫料中优势微生物有益菌群可提高和稳定鸭床发酵状态、分解鸭的排泄物。发酵床面一年四季始终保持在20℃左右的温度。

（2）在饲养过程中，饲料中尽量要添加微生物制剂，尽量不添加抗生素。

只有做到以上两个关键点，才能保证发酵床的成功，可以一次使用2～3年，根据管理情况甚至可以使用多年。

4. 生态养鸭的效果

（1）提温快。半个小时辅助，2个炉子可以到34℃。

（2）节省饲料。料肉比在1.85∶1左右，一只鸭子用料6.2kg，体重3.135kg。

（3）减少死淘率。1 000只死4只左右。

（4）出栏快。提前4d出栏。

（5）节省药费。每只鸭子能节省药费0.3元。

三、生态养鹅技术

当前生态养鹅的基本饲养模式是在果园林下养鹅。果园林下养殖是高效利用自然资源，根据区域自然条件和资源基础，一方面为有害生物防控提供了天然条件，从而减少化学药剂使用量；另一方面提高了物质循环和能量转化的效率，进行有机剩余物资源化利用，既增加了养殖的饲料来源，又降低了种植业的化肥投入量。

1. 牧草的选择

选择的草种以一年生牧草和多年生牧草或蔬菜类品种相结合，提高单位面积载禽量；适宜养鹅的牧草主要有黑麦草、白三叶、紫花苜蓿、菊苣、苦荬菜等。蔬菜有生菜、白菜、萝卜、胡萝卜、莴笋、青菜等。

2. 鹅的饲养管理

（1）鹅的育雏。雏鹅是指孵化出壳后 4 周龄或 1 月龄内的鹅，人们也把此时的鹅称作小鹅。小鹅饲养阶段的好坏，将直接影响鹅的生长发育及出栏率。

（2）雏鹅管理需要注意以下几点：a. 温度与湿度 b. 通风 c. 喂饲 d. 光照。

①温度与湿度：保温对雏鹅很重要，必须高度重视，温湿度过高或过低，对雏鹅生长发育均会带来不良影响，不同日龄的雏鹅要求温湿度不同。

②通风：育雏是为了保温，室内处于密闭状态，但不能忽略通风换气，以保持室内空气新鲜，换气与保温保湿同样重要。

③喂饲：每天要供给清洁饮水，每天换水 2~3 次，幼雏每天给料次数和喂料要因年龄而异，每天给料次数随年龄的增加而逐渐减少，而饲料喂量则随着年龄的增长而逐渐增多。

④光照：光照时间有两种，一种是全日 23h 光照，1h 黑暗；另一种是每天 16h 光照，8h 黑暗，利用后一种光照制度时，应模仿自然光照。

3. 准备工作

应准备好育雏室，加温设备和育雏用具。育雏室要求保温、干燥、光照充足、通风良好并消毒；对育雏舍及设施充分消毒。育雏室的温度须在进雏前几小时达到育雏鹅所要求的温度。同时，还应准备饲料和一些预防药物。育雏的方式有 3 种，即垫草平养，网上平养和笼养。

4. 雏鹅的饲养

初期应该舍饲，逐步向放牧过度。舍饲时主要喂给水、草、料、应少喂勤添。雏鹅的初次放牧应在 4~7 日龄起开始，冷天在 10~20 日龄进行放牧，另外在水中的嬉戏饲养也不能少。经过初次放牧后，需要给鹅养成经常放牧的习惯。随着日龄增加，放牧时间逐步增加，20日龄后可全天放牧。

5. 中鹅的饲养管理

中鹅是指 4～10 周龄的青年鹅。此阶段饲养应以放牧为主，补饲为辅。场地的距离应分配好，实行分区轮牧，轮牧间隔时间应在15d以上。根据需要，商品肉鹅一般最大长到 3～3.5kg 就可出售，根据市场行情而定。

【案例】

生态循环养殖："养"出舌尖上的美味

在海南永基畜牧股份有限公司的带动下，南省文昌市大顶村委会的农民采取生态循环养殖的模式"养"出的文昌鸡，成了备受市场欢迎的"香饽饽"，每千克售价高达36元，大顶村农民的腰包也因此丰盈起来，户均纯收入少的达5万多元，多的高达40万元。

这是作为国家级农业龙头企业——海南永基畜牧股份有限公司联结农户，采用回归传统历史养殖模式——生态循环养殖，促农增收的生动缩影。

"品质生活从绿色生态开始"，海南永基畜牧股份有限公司总经理说，"我们采取生态循环养殖模式，租用农民的土地统一规划、统一管理经营，种植稻谷、地瓜、花生、玉米作为文昌鸡的饲料，而产出的鸡粪又成为这些作物的农家肥，即种植稻谷（地瓜、花生）——稻谷（地瓜、花生）养鸡——鸡粪还田"的生态循环养殖，努力还原20世纪80年代正宗文昌鸡味道，把文昌鸡当做高端精品来卖。"

因生态循环养殖而引来四方财。自此，海南永基文昌鸡开始展翅高飞，走向中国，冲出国门，成为人们"舌尖上的美味"。

生态循环养殖：打造原生态品牌

民以食为天，食以安为先。近年来，关注环境质量、重视生态可持续，被提到前所未有的高度。而在广大农村，由畜禽养殖带来的污染问题，成为制约农村经济健康发展、农村生态环境可持续的关键因素，备受社会的广泛关注。

而生态循环养殖方式，符合了人们对绿色、有机、生态、健康食品的市场需求。所谓生态循环养殖，是指遵循生态学和经济学原理及其发展规律，按照"减量化、再利用、再循环"的3S原则，利用动植物生物学特性，特别是动物之间的食物链关系，实现动植物生产过程中物质和能量循环利用的一种新型经济发展模式，即"资源—产品—消费—再生资源—再生产品"的物质循环流动。生态循环养殖，能实现养殖业零污染零排放，让有限的资源得到最大程度的利用，有利于减少企业成本，生产出高品质绿色食品，实现生态效益、经济效益和社会效益的共赢。

海南自然资源禀赋独特，生态环境优良，42.5%的热带土地、61.5%的森林覆盖率、99.1%的优良天数，生态环境优越，适宜农作物生长的季节长，一年可多熟，四季皆可耕种，素有"天然大温室、生态大氧吧、健康岛"之美誉。怎样才能把这笔"巨额财富"转化成持续的"生产力"呢？海南永基用实际行动作出了回答：发展生态养鸡，把生态优势化为生态资本。

为此，海南永基公司提出了"原生态·健康鸡"理念，打出了"原生态物种、生态循环养殖"的牌子，让永基文昌鸡回归"土"味，让消费者吃出健康来。

打出原生态物种牌。原生态物种，即充分发挥当地物种资源的优势，打出特色牌。海南永基公司出产的文昌鸡引用的是来自原产地的海南文昌谭牛地区的优质鸡种，此鸡历史悠久，被列入国家地理标志保护产品，含有多种人体所需的健康微量元素，营养价值高。

打出生态循环养殖牌。海南永基公司利用独特纯洁的优美生态环境,采用回归传统、回归自然的养殖方式,放养120d,笼养60d。放养则是将文昌鸡置于山林、槟榔园、灌木丛、果地等,自由觅食富硒土壤上孕育的谷米、青草、昆虫等,饮山间清泉甘露,享受着天然氧吧和日光浴。笼养则是租用农民土地自己种植地瓜、玉米、花生、稻谷喂养,稻谷一年可生产两造到三造,地瓜一般3个月收获,花生每年收获一次,养鸡的原料来源丰富、绿色、生态、安全,不用任何饲料、添加剂等化学物质,以种养结合、资源再生的方式让纯种土鸡回归自然,确保文昌鸡原汁原味。

"臭味没了,有机肥的用途更广了。如今,鸡场里的粪便不仅能为农户施肥,还为我们发展生态农业提供了空间。"文昌市大顶村的农民黄洪胜说。

由于采用原生态、绿色的养殖方式,往日无人问津的"土"货,却在市场上备受消费者青睐。文昌鸡36元/kg,生态什玲鸡42元/kg……循着这股浓浓的带有广阔市场前景的"土"味,公司生产的文昌鸡、什玲鸡等成功进入了广东、上海、北京、四川等省市的高端市场以及省内各大批发市场,2010年,文昌鸡更是销往东南亚,实现了历史性突破。2014年,年产文昌鸡300万只,销售额突破1.6亿元。

"公司+合作社+农户"的模式:让农民腰包"鼓"起来

在新常态下,如何创新农企利益联结的紧密链条?海南永基公司探索的"公司+合作社+农户"的"永基"模式,架起了一座企业与农户的致富桥梁。

农业产业化企业姓农,如何带动更多农户致富呢?一方面,农民拥有两块资源,一块是劳动力资源,另一块是土地资源;另一方面，企业也同样拥有两块资源：一块是资金管理，另一块是技术和市场，如何整合资源，实现"2+2>4"的效应。为此，海南永基公司进行了有益的探索，不断完善与农户的利益联结机制，实现双方共赢。

在文昌市大顶村委会，海南永基公司将9个自然村的农民联结起来，将大顶村农民的土地统一规划、统一管理经营，采取五统一模式，即统一农家肥、统一提供鸡苗、统一技术、统一加工、统一品牌销售，带动他们种植稻谷、地瓜、花生等用于养鸡增收。农民以"劳动力+土地"入股，土地按市场价出租，再加劳力收入和30%的分红，实现共赢。2014年，大顶村委会的农民户均收入少的5万多元，多的达40多万元。

如今，文昌鸡、什玲鸡、屯昌阉鸡、白沙土鸡、定安富硒鸡……一系列"原生态"名片让海南永基公司名声大振。公司累计组织农民成立了39家农民养殖专业合作社和全省首家农民专业合作联合社——海南永鸿什玲鸡专业联合社，在文昌、海口、保亭、屯昌、白沙、定安等市县建立了23个养殖基地，年出栏鸡1 300万只，年销售额2亿多元，累计带动全省10万农民养鸡增收。

纵横正有凌云笔，扬帆奋进正当时。海南永基公司将以"自然的环境、生态的理念、传统的方式、健康的品质"为目标，采取生态循环养殖方式致力打造"舌尖上的美味"，让"原生态"养鸡产业的无穷魅力，在琼岛这片热土上尽情绽放。

第二节 生态养猪技术

一、生态养猪概述

中国传统养猪产业给人印象一直是又脏又臭又累，而现在这一情况开始彻底改变。近年来，世界各地正在兴起一种生态环保养猪技术称为"发酵床养猪技术"，其原理是利用空气对流原理建设猪舍，舍内设置80cm左右的垫料池，池内填充锯末、秸秆、稻壳、米糠、树叶等农林业生产下脚料，配以专门的微生态制剂——益生菌来垫圈养猪，猪在垫料上生活，垫料里的特殊有益微生物能够迅速降解猪的粪尿排泄物。这样，不需要冲洗猪舍，从而没有任何废弃物排出猪场。猪出栏后，垫料清出圈舍就是优质有机肥。从而创造出一种零排放、无污染的生态养猪模式。

二、生态养猪关键技术

1. 发酵床养猪核心技术体系

（1）生态养猪场的设计规划。

（2）与该生态养猪模式相适应的生产工艺。

（3）垫料中使用的"益生菌"的生产技术。

（4）饲料中微生态添加剂的生产技术。

2. 发酵床及猪舍建设

发酵床养猪的猪舍可以在原建猪舍的基础上稍加改造，也可以用温室大棚。一般要求猪舍东西走向、坐北朝南，充分采光，通风良好。发酵床分地下式发酵床和地上式发酵床两种。南方地下水位较高，一般采用地上式发酵床，地上式发酵床在地面上砌成，要求有一定深度，再填入已经制成的有机垫料。北方地下水位较低，一般采用地下式发酵床，地下式发酵床要求向地面以下深挖90~100cm，填满制成的有机垫料（根据实际的操作经验，采用地上式发酵比较好，更换垫料方便）。

地上式发酵床建造参数及要求如下。

（1）每单元栏面积以 50~200m² 为宜，便于垫料的日常养护。

（2）发酵床面积为栏舍面积的70%左右，余下面积应做硬化处理，成为硬地平台，供生猪取食或高温时节的休息场所。

（3）垫料高度以保育猪40~60cm、育成猪70~120cm为宜，一般南方地区可适当垫低，北方地区（淮河以北）适当垫高，夏季适当垫低，冬季适当垫高。

（4）育成猪养殖密度较常规养殖方式降低10%左右，便于发酵床能及时充分的分解粪尿粪便排泄物等，能保持清新健康养殖环境。

（5）垫料进出口的设计要满足进料和清槽（即垫料使用到一定期限时需要从垫料槽中清出）时操作便利。

（6）通风设施完整，最好事先预留较大面积的天窗与通风口等，以便保持猪舍空气清新，针对夏秋高温时节，应安装好降温设施湿帘、喷雾系统、双层中空屋顶、纵向通风系统等；超微喷雾降温装置可以保证后期垫料养护加菌时能共用；冬季应定时开启排风扇，避免猪舍湿度过大。

3. 垫料制作

发酵床主要由有机垫料组成，垫料主要成分是稻壳，锯末，树皮木屑碎片，豆腐渣，酒糟，粉碎秸秆，干生牛粪等，占90%，其他10%是土和少量的粗盐。猪舍填垫总厚度90cm左右。条件好的可先铺30~40cm深的木段，竹片，然后铺上锯屑，秸秆和稻壳等。秸秆可放在下面，然后再铺上锯末。土的用量为总材料的10%左右，要求是没有用过化肥农药的干净泥土；盐用量为总材料的0.3%；益生菌菌液每吨填料用2~5kg。基本上每平方米的用量。

将菌液、稻壳、锯末等按一定比例混合，使总含水量达到60%（注意：干材料也已经含水超过10%），保证有益菌大量繁殖。用手紧握材料，手指缝隙湿润，但不至于滴水。加入少量酒糟、稻壳焦炭等发酵也很理想。

材料准备好后，在猪进圈之前要预先发酵，使材料的温度达

50℃，以杀死病原菌。而50℃的高温不会伤害而且有利于乳酸菌，酵母菌，光合作用细菌等益生菌的繁殖。猪进圈前要把床面材料搅翻以便使其散热。材料不同，发酵温度不一样。

4. 育肥猪的导入和发酵床管理

一般肥育猪导入时体重为20kg以上，导入后不需特殊管理。同一猪舍内的猪尽量体重接近，这样可以保证集中出栏，效率高。

发酵床养猪总体来讲与常规养猪的日常管理相似，但发酵床有其独特的地方，因此，平时的管理也有不同的地方：

猪的饲养密度　根据发酵床的情况和季节，饲养密度不同。一般以每头猪占地$1.2\sim1.5m^2$为宜，小猪可适当增加饲养密度。如果管理细致，更高的密度也能维持发酵床的良好状态。考虑到节约床材和省力、夏季饲养密度可为$1.2m^2/1$头、冬季$1.5m^2/1$头为适。

发酵床面的干湿　发酵床面不能过于干燥，一定的湿度有利于微生物繁殖，如果过于干燥还可能会导致猪发生呼吸系统疾病，可定期在床面喷洒益生菌扩大液。床面湿度必须控制在60%左右，水分过多应打开通风口调节湿度，过湿部分及时清除。

驱虫：导入前一定要用相应的药物驱除寄生虫，防止将寄生虫带入发酵床，以免猪在啃食菌丝时将虫卵再次带入体内而发病。

密切注意益生菌的活性：必要时要再加入益生菌液调节益生菌的活性，以保证发酵能正常进行。猪舍要定期喷洒益生菌液。

控制饲喂量：为利于猪拱翻地面，猪的饲料喂量应控制在正常量的80%。猪一般在固定的地方排粪、撒尿，当粪尿成堆时挖坑埋上即可。

禁止化学药物：猪舍内禁止使用化学药品和抗生素类药物，

防止杀灭和抑制益生菌，使得益生菌的活性降低。

通风换气：圈舍内湿气大，必须注意通风换气。

【案例】

生态养猪美了乡村富了农民

"污水横溢、蚊蝇乱飞、臭味熏天……"提到传统养猪场，这是常人首先想到的几个词，那种脏乱差的画面立即浮现在脑海。可在江西省新余市渝水区黄水根生态养猪场，却能看到养猪场四周种满郁郁葱葱的树木，场内整齐、干净。据介绍，黄水根这个养猪场采用的是"生物零排放发酵床"技术，这是一种自然生态养猪法，能有效改善农业畜牧养殖的污染问题。

从市畜牧兽医局了解到，2013年以来，该市以畜禽标准化项目建设为推手，以示范场创建为切入点，大力推进畜禽清洁生产，在严格控制污染源的基础上，积极推广"三改两分"再利用、生猪固体粪便处理与利用、生猪养殖污水处理与利用、发酵床养猪，实行"牧—沼—果"等生态养殖新模式，生态养殖氛围逐步形成。2014年，该市"猪—沼—果"等生态规模养殖场达250余家，生态养殖比例明显提高。

学会先进技术尝到生态甜头

走进黄水根的养猪基地，门前是一口消毒池，脚踩消毒水后进入养猪场，只见一幢幢整齐的标准化猪舍里，一头头活泼、干净的猪在一层厚厚的黄色"垫料"上拱食。"这就是采用'生物零排放发酵床'技术的自然生态养猪舍，你看，是不是很干净？几乎闻不到臭味异味。"黄水根说，2010年，他特意去广西学习发酵床生态养猪技术，学成之后，回到家乡投入几十万元修建了这个生态发酵床，喂养了100余头猪。

第三章 生态养殖技术

"采用这个新技术后,猪舍基本不用清洗,猪排出来的污物发酵后可以种植蔬菜,蔬菜又可以喂猪,不仅环保还减少成本。"黄水根说,他是新余第一家引进"生物零排放发酵床"技术养猪的,现有母猪200多头,年出栏生猪3 000多头。

由于自然生态养猪法育肥的猪,肉嫩、瘦肉多、口感好、无药物残留,经济效益非常可观,让他尝到了生态养殖的甜头。

转变养殖方式农户致富有底气

传统的养猪方法,粪尿污染非常严重,对地面、空气、水源都会产生不容忽视的影响。环保问题与养猪需求形成尖锐矛盾,养猪污染也成为影响农村环境的重要因素。"只有转变养殖思路,采用自然生态养猪法,走低碳经济产业发展道路,才能保护自然生态环境,让养猪户真正致富。"新余市畜牧兽医局局长说,当前,该市畜牧业发展方式正由单纯畜禽养殖的传统畜牧业向产、加、销、管完整链条的现代畜牧业转变,同时,也正由养殖设施落后、环境污染严重的"窝棚式"养殖向养殖设施先进、治污设施完善标准化规模养殖方式转变。

为进一步规范生态化养殖,2014年初,该市出台了《新余市生猪养殖业生态化改造方案》,科学划分生猪养殖禁养区、限养区、可养区,实施禁养区逐步退出、限养区加快改造、可养区稳步提升,在推进传统畜牧业向现代畜牧业转型的进程中,逐步取缔了污染严重的养殖方式和养殖大户,实现了畜牧业清洁生产。2014年该市共拆除或关停水源保护区和城市规划区养殖场101户(年出栏6.9万头),占总任务数100%,并根据市节能减排项目管理要求,三区一县共申请节能减排项目资金1 000万元。

分宜县铃山镇新祉村养猪大户莫尚信的养猪场,同样也是生态化养猪的典型,莫尚信是当地有名的养猪专业户,曾获得全国"五一劳动奖章"。前两年，他养猪5 000多头，净赚110余万元。近年来，钤山镇重点加快发展沼气、生产有机肥和无害化畜禽粪便还田等工程建设，通过发展"猪—沼—果（菜）"生态模式，实现养殖废弃物的减量化、无害化、资源化。截至2014年，该镇共建设大中型沼气工程8个，小型沼气池500多个，做到了80%以上的养猪场粪便综合利用，走出了一条生态养猪之路。

第三节 生态养羊技术

一、产业概况

目前，我国畜牧业发展面临的形势是：一是农村劳动力转移后，劳动力价格的提升加剧了农户小规模养殖的快速退出；二是新农村建设和农民居住条件改善，农村环境要求的提高，缩小了农村传统养殖的空间；三是养殖比较效益下降，提高养殖规模成为畜产品质量和价格竞争的重要手段。由此可见，传统的养羊模式正面临一场空前的变革，规模化、设施化养殖是未来畜牧科技与产业发展的必然趋势。

在现代养羊业较发达的国家，供屠宰的家畜一般都是采用集约化方式生产。所谓集约化方式，是指在控制环境条件下，一年四季按照市场需求，进行较大规模、高度密集、技术先进、生产周期短的生产过程，是一个复杂的系统工程，集中体现了当代畜牧科学和经营管理的最高水平，关键技术包括最佳的环境参数控制和精准日粮配方，使畜群受环境或营养变化的影响降至最低；高度密、集约化饲养，追求人、畜接触由机械代替，设施与生产体系工程化；用工厂形式组织生产和劳动，生产周期短，效率高；根据市场调节产品类型和规格，力求全年均衡生产。

二、环境设施

1. 大型（年出栏1万只以上）养殖场设计

可繁殖母羊舍采用双列（2道食槽）结构，外加运动场，舍内饲养密度为1.71m^2/只，单栋饲养容量为228只；羔羊哺育舍和育肥羊舍采用四列（8道食槽）、无运动场结构，羔羊哺育舍内饲养密度为0.4m^2/只，单栋饲养容量1 600只；育肥羊舍内饲养密度为0.58m^2/只，单栋饲养容量为1 060只，实现了设施的高效利用。羊舍无论采用什么材质建造，屋面下应加保温、隔热层。根据当地气候特点，可舍去所有窗户结构，而以廉价的卷帘装置代替，使得羊舍平均造价（不含基础及附属设施）低于170元/m^2；羊舍内可采用竹制漏缝地板和机械清粪装置，并配有自动饮水器，使饲养员的主要劳动集中在饲草和饲料的添加上，因此，可大大提高劳动效率。根据本单位动物科学基地（羊场）的生产经验，在统一提供草料的条件下，常规生产中各类羊舍每栋只需要1名饲养员，其中，育肥羊饲养最多可以达到千只，这也是育肥羊舍设计成单栋容量为1 060只的原因。

2. 中小型羊场或养殖小区（年出栏1 000只以上）设计

可参照大型羊场设计，在建设规模上适当缩小。可通过减少羊舍的栋数、总建筑面积、配套草地面积、草料加工能力及储藏空间大小实现建设规模调节。建筑和配套设施设备与大型羊场没有太大区别。但在养殖小区建设中，要适当兼顾到小区业主的养殖规模和配套设施需要。

3. 养殖户（年出栏100只以上）羊舍设计

对于养殖户新建的羊舍，一定要体现简单、合理、适用、安全和低成本的原则，一般以采用简易羊舍设计类型为主。母羊舍通常为单列、带运动场，育肥羊舍为双列、无运动场。由于饲养规模较小，推荐采用高床饲养方式，即在羊舍内距地面一定高度

(通常是 30~40cm)搭建漏缝地板,也称为"羊床",让羊在上面休息、采食或运动,粪尿通过羊床缝隙掉入床下,累积到一定量后人工清除。如果规模扩大,也可以考虑采用简易机械除粪装置。

三、饲料资源利用

充足、廉价和可利用的饲料资源,是生态养羊的重要保障。尽管羊的食物来源丰富,但受地域、气候、季节等因素的影响,要获得稳定供给并非易事。所以,应突出生态养殖、循环农业和资源高效利用理念,通过调整种植业结构,适度增加秸秆可用于养羊的农作物面积,建立"秸秆养羊—羊粪还田—有机农产品上市"生态养殖模式。实际生产中充分利用庄稼秸秆、野生植物和食品工业副产品等一切可以利用的生物质资源,经过加工、营养调制和成本优化,分别制定出适合于不同季节和不同羊群的日粮配方,其中,育肥羊日粮成本不超过 0.9 元。可应用的饲料资源,如表 3-1 所示。

表 3-1 可利用饲料资源汇总计表

种 类	品 种
作物秸秆	玉米、花生、大豆、山芋、大蒜、油菜、花生皮、蚕豆壳等
能量饲料	玉米、大麦
白质饲料	大豆饼、大豆粕、葵花粕、芝麻粕、花生粕、菜籽粕、棉籽粕、玉米干酒糟(DDGS)、喷浆玉米皮、醋糟和菌糠
投入品	棒土、食盐、多维、莫能菌素、尿素等

四、产品安全

1. 疫病防控

以预防为主,常用疫苗和使用,见表 3-2。

表3-2 羔羊免疫程序

序号	接种时间	疫苗名称	预防的疫病	用法及用量	免疫期	备注
1	出生后1~2周	羊快疫、猝狙（羔羊痢疾）、肠毒血症三联四防灭活干粉疫苗（内蒙古）	羊快疫、猝狙、羔羊痢疾、肠毒血症	每头份用1ml20%氢氧化铝胶盐水稀释，大小羊皮下或肌内注射1ml	6个月	14d后产生免疫力，母羊怀孕后30~40d注射一次
		羊快疫、羔羊痢疾、肠毒血症三联灭活疫苗（兰州）		大小羊皮下或肌内注射5ml	6个月	
2	1月龄	羊痘鸡胚化弱毒苗（内蒙古）	羊痘、口疮	每头份用0.5ml生理盐水稀释，大小羊尾内侧皮内注射0.5ml	1年	6d后产生免疫力
		羊痘鸡胚化弱毒苗（兰州）				
3	3月龄	山羊传染性胸膜肺炎氢氧化铝苗	羊传染性胸膜肺炎	6月龄以下羊3ml，6月龄以上羊5ml，皮下注射	1年	14d后产生免疫力
4	4月龄	Ⅱ号炭疽芽孢苗	羊炭疽	皮下注射1ml	1年	14d后产生免疫力
5	5月龄	布氏杆菌猪型2号弱毒苗	羊布氏分枝杆菌病	肌内注射0.5ml	1年	阳性羊、孕羊禁用
6	6月龄	羊链球菌氢氧化铝灭活苗	羊链球菌病	背部皮下注射5ml	6个月	14d后产生免疫力
7	7月龄	破坏风明矾类毒素	羊破坏风	颈部皮下注射0.5ml，第二年再注射1次	4年	1个月产生免疫力

注：实际使用根据当地疫病流行情况而定

2. 投入品管理

投入品是指饲养过程中投入的饲草、饲料、饲料添加剂、疫苗、兽药和水等物品。成分有害或使用不当，都会威胁到产品安全。发生疾病的羊在使用药物治疗时，应根据所用药物执行休药期。达不到休药期的，不应作为肉羊上市。

五、废弃物处理

近年来,广东、福建、海南等沿海地区以及北京、上海等省市,非常重视有机肥的使用,特别是优质羊粪肥料的使用,经用户使用反响强烈。使用羊粪后不仅改变了土壤的理化性质、肥效长、增产显著,而且大大提高农产品的品质,如提高含糖量和干物质、色泽好看,产品在国际市场上也备受欢迎,这些地区羊粪需要量很大,特别是无公害、无污染的羊粪。

羊饮水少,粪质细密干燥,肥分浓厚。羊粪中的有机质、氮、磷含量都比猪、马、牛粪高,对各种土壤均可施用。但其发酵速度快,燥性强,可与猪、牛粪混合堆积施用,以使肥劲平稳。

羊粪虽好,但在传统散养或放牧条件下,这一宝贵资源大部分被浪费,只有在舍饲条件下才能有效收集和高效利用。大型羊场可以采用羊粪高效收集与利用系统,该系统采用纵向、横向交叉刮粪机械布局,通过电子控制器实现每栋羊舍按时间顺序启动刮粪机,再通过计数控制器累计若干栋羊舍完成刮粪动作后(限制横向刮粪负荷)启动横向刮粪机,实现全场羊粪的高效、全自动收集。收集起来的羊粪经过堆肥发酵处理,可作为优质有机肥料加工的原料或直接用于田间施肥。由于羊的尿量很小,与粪混合后形成的混合物不会有多余的液体沥出。因此,只要在设施上做到粪沟与雨水沟分开,完全可以实现污染物零排放。

【案例】

肥水不流外人田 独辟蹊径生态养羊"变废为宝"

"我们的生态养殖法,不但对环境没有任何污染和破坏,而且对改造农田土壤、农田加肥等都有很大的好处。"四川弘丰牧业有限公司负责人田洪春说道。四川弘丰牧业有限公司商品羊养殖基地重点突出生态养殖、废物利用的原则，让养殖业不再为环境"添堵"。

田洪春说，他自己并不是彭山人，而是泸州人，从事商品羊养殖、销售工作10多年，常年与新疆、内蒙古、宁夏、青海等地的大型牧业公司合作，多年的在外打拼让他有了自己创业的想法。

"我选择彭山，是因为听朋友说这里的投资环境好，并且有充足的'羊料'。"田洪春说的羊料指的就是秸秆，近年来，秸秆焚烧成为了污染环境的一大元凶，每年秸秆收获时节成为了群众与地方政府最为头疼的一件事情，不焚烧，农民收获的秸秆无处堆放，又卖不出去，焚烧又会严重污染环境。四川弘丰牧业有限公司以秸秆、苜蓿草、玉米等为喂养原料，通过对废弃秸秆进行粉碎发酵后，转化为商品羊的饲料。

田洪春就此算了一笔账，按养殖1 000只商品羊估算，每年将收购秸秆约100t，今年公司将出栏商品羊8 000只，将收购秸秆约800t，可以在很大程度上解决谢家镇及其周边乡镇秸秆燃烧污染大气所带来的环境污染。

据了解，等到公司养殖场完善规模后，将解决彭山县绝大部分的秸秆禁烧问题。同时秸秆当原料做成饲料给羊吃，纯天然绿色，肉质还好，是纯天然绿色饲料，羊吃了长得健壮，肉质自然细嫩，深受市场欢迎。

同时，为了不污染环境，田洪春还把羊粪废水循环使用，完全实现零排放。田洪春谢家基地分为养殖区、种植区、饲草料基地三部分。田洪春将养殖区的羊粪进入发酵池发酵后可循环用于基地种植花草苗木，为今后发展观光种植、养殖、开设特色羊肉餐厅和农家乐做准备。同时，还可以用于200亩饲草料基地种植青草等饲草料，当做有机肥，用于改善土地结构。

"收集到的羊粪还可以送去做成有机肥,目前市场上是供不应求,完全实现零排放,真正实现肥水不流外人田。"田洪春说道。

田洪春还让羊住"房子",实行规模、标准化养殖。现代化的羊舍配套建设消毒池、药浴池、沼气池、产房、保育舍、办公室等设施,商品羊按照出栏日期,分房而住。公司按照圈舍兴建标准化、驯养管理科学化、无害养殖生态化、严格防疫程序化、所销产品无害化,建起了该县第一个商品肉羊养殖存栏基地。

群众受益,家门口就挣得到钱。田洪春在自身发展的同时,也积极带领群众致富。目前每天谢家镇石山村附近有二十余人在该公司打工,每年为当地提供5 000余个日/人/次用工量,工人每月最低工资1 500~3 000元,2013年该公司光支付附近群众工资就达到27万余元。公司还采用"基地+农户"的方式进行运作,由基地提供技术指导并签订收购保护价,保障农户养殖的积极性,同时养殖由专业工作人员进行饲养和日常管理,成立技术服务部门服务于养殖基地和协议养殖农户,各环节形成了一个相互依存、相互促进、不可分割的利益共同体。

"公司规划3~5年建设成成都地区商品羊养殖龙头企业,建成除从事养殖外还提供羊肉深加工(屠宰、特色羊肉制品)、观光养殖、羊肉农家乐餐饮等多样化产品的企业,同时,申请商标并形成品牌效应,养殖深加工,提高产品附加值。"说起未来的发展田洪春,更是信心满满。

第四节 生态养牛技术

一、生态养牛的主要模式

因受到市场供求状况、饲料价格等制约,单一发展养牛业,有时经济效益很低，甚至亏损。因此，走立体养牛、综合经营、循环利用、协调发展的生态农业道路，可减少经营风险，提高经济效益。

目前，生态养牛的主要模式如下。

1. 牛—沼气—菜能源生态工程模式

用牛粪尿入池产生沼气，供日常生活使用，将沼渣用来种菜，沼液和部分菜叶用来喂牛。

2. 牛—鱼—粮模式

用牛粪尿排入沼气池和水沟，水沟里养鱼。牛粪便成了鱼的养料，利用沼气照明、加工饲料；沼气产生有机肥料，发展农业生产。使用沼肥，既减少粪便污染环境，也降低了农作物种植成本，更可以改良土壤，保持生态平衡。

3. 牛—沼气—鱼—果—粮模式

牛粪便入沼气池产生沼气，沼液流入鱼塘，最后进入氧化塘，经净化后再排到稻田灌溉。利用沼气渣、鱼塘泥作肥料，施于果园。由于建立了多层次的生态良性循环，构成了一个立体的养殖结构，可以有效开发利用饲料资源的再循环，降低生产成本，变废为宝，减少环境污染，防止畜禽流行性疾病的发生，获取最大的经济效益。

4. 牛—沼气—草模式

把牛的排泄物进入沼气池进行厌氧发酵作无害化处理，沼液抽到牧草地灌溉杂交狼尾草。养牛户把狼尾草打成草浆，按1:1搅拌混合饲料饲喂肉牛。一头商品牛从小牛25kg隔栏到100kg出售，可节约饲料成本25元左右，由于吃草的牛肉质鲜美，每头牛以高于市场价格出售，一头喂草的牛，可比喂精料的牛增收55元左右。

5. 鸡、鸭—牛—沼气—鱼模式

将鸡、鸭粪便发酵掺入配合饲料喂牛，或用鲜、干鸡粪喂牛，在牛栏旁建一沼气池，利用牛粪制取沼气，沼液流入鱼池养鱼，使放养的鲢、鳙鱼产量增加50%，沼渣还可作果树、蔬菜和水杉的肥料，形成了一个布局合理、结构严密的生态农业。

6. 禽—沼气—牛—粮模式

用鸡粪便作为沼气池发酵的原料，既重复利用鸡粪中的有机物质，又净化了鸡场本身及周围的环境。所产沼气用于炒茶、孵化、鸡舍保温和村民生活用能源，节约了大量的煤炭。在牛饲料中沼渣用量为20%，再以牛粪、沼渣肥田，提高了土壤生产能力，一年可节省化肥5t，粮食每公顷达12t。

二、生态养牛关键技术

1. 环境设施

规范的原生态牛舍一般要求通风采光良好，呈东西走向，坐北朝南，南北可以敞开，采光充分，通风良好。冬季寒冷地带牛舍北面墙体厚度为24cm（另外加保温层）或37cm（中间加珍珠岩）。一般床面距屋梁高度3.5m为宜，屋梁距屋脊高度1.5m。

料槽结构：料槽内部结构似梯形，上口宽35~40cm，下口宽20cm，高10cm，上口的外沿略高于内沿，下口要圆滑，不要有死角。

饮水和排水：管道要用无毒的材料，饮水器要在整个管道的最低处，每20头牛安一个自动饮水器，距地面距离为10cm左右。

圈舍护栏：护栏高70cm，最低处距水平线10cm，最高处距水平线80cm。

过湿的舍内环境对牛只十分不利，所以，在建圈舍时一定要把通风排气问题考虑好，炎热的夏季通风更为重要。

2. 饲料资源利用

在生态养牛技术体系中，最能体现生态效应的莫过于青贮饲

第三章 生态养殖技术

料。青贮饲料是发过酵的新鲜牧草作物，是一种保存青饲料的古老方法，是利用牧草作物的3种普通方法之一，另两种方法是放牧和制作干草。3种方法以放牧成本最低，但受季节限制。制作干草是在天气干燥期间仅次于放牧的最有效方法，但天气条件并不总是有利于制作干草，而在十分严酷的气候条件下却可以制作青贮，这种方法还比制作干草具有多汁性和保存较多养分的优点。绝大多数的青贮饲料均由农场或牧场自产自用，而不是购买。因此，养牛者必须掌握生产优质青贮饲料的方法，这与掌握饲养方法同等重要。

（1）制作青贮的过程。所谓制作青贮的过程，指的是将能引起发酵的含有充足水分的饲草或饲料贮藏于青贮容器内，在没有空气存在的情况下所发生的一些变化。一般作青贮过程需要2~8周，在此期间有下列占优势的需氧活动和厌氧活动。

①需氧活动：牧草中活的植物细胞继续呼吸，消耗青贮料中的空气（氧气），产生二氧化碳和水并释放能量或热。与此同时，需氧的酵母菌和真菌生长旺盛。大量繁殖。这个时期甚短。如果所选用的原料制备得当并遵照制作优质青贮料的正确步骤，则温度至少升到38℃。

②厌氧活动：当可利用的氧气消耗完时，厌氧细菌——主要是产酸和分解蛋白质的细菌以惊人的速度繁殖，同时，真菌和酵母菌死亡。但仍然以产生酒精和其他最后产物的酶系小规模地继续活动。这种联合的厌氧活动引起下列变化。

（a）碳水化合物和糖（特别是糖类）分解为乳酸、醋酸和其他酸类、酒精；（b）小量的蛋白质分解为氨、各种氨基酸，胺和酰胺；（c）达到能使细菌本身死亡的酸度。至此，制作青贮过程结束。

在良好青贮容器内中的青贮料，厌氧活动期可在很长时间内（长达10~15年之久）不起变化。但如果暴露在空气中。如开启青贮塔（窖）或通过气穴，则先是酵母菌和真菌又重新活动。

（2）制作过程的重要参数。①最适 pH 值：pH 值 13.5～4.5 是良好的青贮料保存的关建，因为这种 pH 值环境可防止细菌、包括那些引起腐败的细菌的生长。pH 值为 4.0～4.5、甚至为 5.0 的环境范围内常常可以制得极优的低含水量青贮料（含水量 45%～60%）。

②原料的含糖量：在成熟适期收获的玉米和高粱具有制作优质青贮料的适宜含糖量。如果在作物过嫩时收获将会使青贮料发酸、稀薄，不适口和营养价值低。现在，为制作青贮料正在种植高含糖量的玉米，它所制成的青贮是一种高质量饲料。在制作良好质量的牧草青贮中，必须将牧草萎蔫至 70% 的含水量以下，或添加一种保存剂。其原因，一是这些牧草含糖量低；二是虽然有充足的糖类，但其物理状态不适于有益的产酸细菌的生长。如不采取这样的预防措施，含水量高的禾本科、豆科青贮料会形成一种低温发酵（含高水平丁酸），而低温发酵对制作青贮是不适宜的。

3. 保存剂的使用

一方面青贮料中添加如糖蜜、谷料等碳水化合物保存剂可加速乳酸和醋酸的形成，对细菌提供容易利用的能量来源；但另一方面却增加青贮料的成本，而且在青贮过程中造成保存剂中某些养分的损失。添加如磷酸等无机酸保存剂，由于对分解蛋白的细菌及其酶产生致弱作用，故具有节约蛋白质的功效，还对青贮料的保存提供了必需的酸类。可是无机酸保存剂常常降低青贮料的适口性。在干物质含量为 20%～60% 的青贮牧草中添加 1% 丙酸或其他任何一种有机酸（如蚁酸等）及其化合物可使青贮料在极佳的环境中保存 10 个月之久而适口性不受影响。

但是，应用现代化的收获，贮藏设备和灵活控制及促进发酵的现有知识，对于萎蔫的牧草青贮或低水分牧草青贮一般不添加保存剂。

4. 青贮原料

多种多样的饲料作物都可用来制作青贮。经验表明，凡是对家畜适口而营养丰富的作物都可以制成青贮。国外绝大多数青贮用玉米和高粱制成，而玉米青贮遥遥领先，为高粱青贮的1.5倍。还有部分用禾本科牧草、豆科牧草和其他饲料作物制成。除此而外，像小谷类作物、粮食加工副产品、块根作物和各种蔬菜残渣等也可用来制作青贮。

（1）玉米和高粱青贮料。作为青贮作物的玉米，其重要性列为首位。一般来说，单位面积玉米制成青贮所得到的总消化养分比其他任何作物要多。同时，玉米易于制作青贮而不需要添加保存剂，在良好青贮塔（窖）内几乎可以无限期保存。在某些地区，特别是在非灌溉和比较干旱的地区，高粱比玉米更加可靠，产量更高，而且含糖量比玉米高。

（2）牧草青贮料。以天然或人工牧草为原料，包括禾本科牧草（如狼尾草），豆科牧草（苜蓿草）、禾本科—豆科混合牧草以及禾谷类饲草（如燕麦）等。

（3）混合作物青贮料。为了降低含水量和减少使用保存剂的必要性，有时可将高含糖量和低含糖量的饲草作物混合制成青贮。用1t高粱与3t牧草混合，或者用等量的玉米饲草与牧草混合，就可以制成质量极好的青贮。这种青贮作物的联合制作，常常采取同时种植的方法，如玉米和大豆、粟草或苏丹草和大豆、燕麦和豌豆等。但最大的困难是不同作物的成熟期几乎不可能同步，从而不能在同一时期达到其最高产量和营养水平。

添加NPN（非蛋白氮）的玉米青贮料　玉米作物的蛋白质相对较低，粗蛋白含量在鲜饲时仅为2.3%，2按干物质计算为8.3%，这引起了在玉米青贮中添加NPN的关注。添加NPN最常用的是尿素。在青贮塔（窖）装料时对1t玉米青贮添加4.5kg

尿素，可使粗蛋白含量提高到3.7%，或按干物质计算由8.3%提高到13.3%。这种青贮—尿素的混合青贮对大多数饲喂纯青贮日粮的后备家畜来说，足以满足其对蛋白质的需要。

5. 产品安全

关于防病、治病生态养牛对牛病的治疗与预防保健和传统养牛法大同小异，都需要定期进行免疫接种。有所区别的是，如果采用发酵床生态养殖法，因为消毒剂、抗生素对发酵床的微生物不利，在发酵床上绝对不可以喷洒消毒药物。

6. 废弃物处理

无论是规模化养牛场还是养牛专业户，粪便污染问题越来越突出，牛粪直接堆放会对环境造成污染。以下几个有效途径，既能充分利用牛粪这个生物质再生资源，又可保证养牛业走上良性循环经济的轨道，实现养牛业的可持续发展。

用牛粪生产有机肥　生牛粪直接上地能产生热量，消耗土壤氧气，导致烧根烧苗，还对寄生虫的卵、病原微生物起到传播作用。用牛粪做原料生产有机肥，成本小，质量稳定，市场需求空间大。据有关资料显示，2007年生物有机肥在肥料销售总额中仅占2%，随着有机肥的诸多优势逐步被人们认可，再加上国家政策的支持，有关专家估计，未来市场有机肥销售额将以每年5%的速度增长。到2010年有机肥的销售值将达到90亿元，到2015年将达到150亿元。同时，减少了化学肥料的使用，实现经济和环保双赢的效果。

用牛粪生产食用菌　可把大量的牛粪集中起来晒干，将农作物的秸秆粉碎后与牛粪掺在一起，经过发酵后便成了食用菌的优良培养基，生产过蘑菇的培养基又是优质有机肥料。

用牛粪尿生产沼气　沼气是清洁能源，生产过程中使牛粪得到了充分腐熟变成沼渣，沼渣是优质有机肥。

用牛粪、秸秆发电　将含有大量植物纤维的牛粪与秸秆混合燃烧发电,能节省大量的燃煤,减少碳排放。

【案例】

一条"种果—养牛"的生态种养路

"这些枇杷至少可以卖16元钱1kg,青梅则可以卖到4元钱1kg。"在钟山县燕塘镇的200多亩果园里,园主廖可应高兴地说。

枇杷、梅子成熟时期,廖可应的果园里,满眼都是沉甸甸的果子,枇杷肥硕多水、青梅酸爽脆口,让人尝了连连称赞。好果子是怎么种出来的?廖可应说,种果除了要有好地方,还要有好肥料。原来,廖可应在果园里养起了近40头黄牛,走出一条"种果—养牛"的生态种养之路。"果园养牛考虑了生态循环利用这一点,牛的食物和果树的肥料都得到一定的供给,节约了不少成本。"据廖可应介绍,果园养牛可谓两全其美,一来果园里的灌木叶子和青草可以给黄牛当食物;二来牛群的排泄物可以充当农家肥下果树,既绿色环保又"功效持久"。除了枇杷和青梅,廖可应还种植了"皇帝柑"和黄皮,基本实现一年四季都有"摇钱树"挂果。果园每年的种果收入在6万元左右,而养牛卖牛的收入则将近14万元,"种果—养牛"模式带来了近20万元的收入。

近年来,该镇以党委政府规划引领为主导,以发挥农民群众、非公经济人士等统一战线人士的作用为保障,大力推进生态产业发展,引导农民和外地老板等非公经济人士向生态种养大户方向发展。目前,像廖可应一样,该镇还有近20户农民走出"种果—养牛"、"种果—养猪"、"种果—养鸡"等生态种养发展道路,大大拓宽了增收渠道。

第五节　生态养兔技术

一、生态养兔模式

目前，较为流行一种生态环保养兔模式为"发酵床养兔"。发酵床养兔的好处，与发酵床养猪相似，达到节省70%劳动力，节约用水，提高兔肉品质，显著改善兔的外观，显著降低发病率（特别是呼吸道疾病等），兔舍几乎闻不到臭味，改善了劳作环境，与传统养兔法相比有着天壤之别，并达到零排放，不污染环境，增加经济效益的目的。

由于体现了兔的福利，减少了氨味对兔的影响，满足了兔的习性，兔的抗应激能力大大增强，发病率大大减少，管理起来得心应手，这是发酵床养兔给养殖户带到的最直观的好处。

一次建设可以使用3年以上，使用到期后的垫料也是优质的有机肥料。在发酵床养兔舍内，只要保持有益微生物的优势，是很容易形成一个良性的微生态平衡的，整个兔舍处于一个有益菌占绝对优势的环境中，清爽没有异味，有益菌已深入到环境中每一个角落，显著增强了兔的非特异性免疫力，减少了用药量，从而靠自身的免疫力和环境微生物的帮助，达到了抵御疾病的目的，与传统的养兔模式的臭气熏天，苍蝇满天，疾病不断等形成天壤之别。

发酵床养兔不仅可以提高肉蛋品质，减少药残，提高出口创汇率的目的，还可以从本质上增强兔只的品质，顺应了兔的原始生活本质，如啄食沙砾，用脚刨地等原始生活习惯，例如，兔是有砂囊的，兔的砂囊能将石头消化，其强烈的粉碎能力，由此可见一斑，若想增强兔的消化吸收能力，应该在雏兔时，就给兔营造兔原始的啄食沙砾，用脚刨地的环境，垫料中有木屑，可消化利用的玉米芯粉末、秸秆碎秆等，可充分锻炼兔的砂囊和促进肠子生长的长度，在这种环境和条件下，可比一般普通的兔盲肠的长度长1/3。这样既强化了胃肠的消化功能又锻炼兔的躯体和内脏，也杜绝了兔的心理应激反应。

我们知道，传统笼养兔的消化道极短，这也是造成饲料消化不好，造成兔粪中仍然含有大量营养物质，如兔粪的粗蛋白仍然达到了28%左右的主要原因之一，在发酵床中饲养的家禽，消化道长1/3，从而大大提高了兔对饲料的消化吸收率，其结果就是：①饲料报酬大大提高，料肉比大大降低，效益大增；②排出的粪便臭味大大减少，减少了发酵床发酵粪便的压力，延长了发酵床的使用寿命和发酵效率；③兔舍内的空气质量更好，兔更加健康，最终形成一个良性循环。一只兔节约的成本（相对于传统笼养肉兔的饲料药物支出等）可达到5元之多。

发酵床养兔的死亡率和淘汰率相对传统笼养兔大大减少，即使是蛋兔的死淘率也可控制在5%左右，肉兔在2%左右。传统笼养兔的肉味道已让广大消费者唯恐避之不及，传统笼养兔肉的腥味突出，这是近年来消费者追寻农村土兔的主要原因之一，而发酵床养出的兔只，不仅肉质好，口味好，兔肉中的营养价值也更高，所以，发酵床养兔，给很多传统笼养兔业者提供了一个更好的养殖模式选择，兔只更好销售，售价也更高，效益更好。

二、发酵床养兔的兔舍建设

发酵床养兔的兔舍建设根据当地风向情况，选地势高燥地带建设，可以建设大棚发酵床养兔舍，大棚两端顺风向设定，长宽比为3∶1左右，高3.5m左右，深挖地下30cm以上，北方则要40cm以上（也可以在泥土地面上四周砌30~40cm高度的挡土墙，但同时兔舍也需加高30~40cm），以填入垫料。地上式的更为简单一些，也适用于旧兔舍的改造，只需要在旧兔舍内的四周，用相应的材料（如砖块、土坯、土埂、木板或其他当地可利用的材料）做 30~40cm 高的挡土墙即可，地面是泥地，垫料 30~40cm 的垫料，加入菌液即可以了。

也可以采用半地下式的，即把兔棚中间的泥地挖一点，如挖 15cm 深，挖出的泥土，可以直接堆放到大棚四周，作为挡土墙之用，起到了就地取材的作用。

总之，只要空出高度为 30~40cm 的空间，放置发酵床垫料即可，再在上面盖上养兔的大棚即可。

建设简单的大棚，以 24m×8m 的大棚为例，面积为 192m^2，造价不到 8 000 元，而建设相应的砖瓦结构兔舍，需要 4~5 万元。

1. 充分利用阳光的温度控制

大棚上复塑胶薄膜、遮阳网，配以摇膜装置，棚顶每 5 米或全部设置天窗式排气装置，天热可将四周裙膜摇起，达到充分通风的目的。冬天温度下降，则可利用摇膜器控制裙膜的高低，来调控舍内温、湿度。冬天可将朝南遮阳网提高，以增加阳光的照射面积，达到增温和消毒的目的。使用寿命可达到 6~8 年。

2. 大棚发酵床养兔的通风

不使用传统的风机进行机械通风，而是靠自然通风。垂直通风：大棚顶部，必须每隔几米留有通气口或天窗，可以由两块塑料塑胶薄膜组成，一块固定，另外，一块为活动状态的，打开通风口时，拉动活动的塑料薄膜，露出通风口，发酵产气可以直接上升排走，并起到促进空气对流的作用，并可垂直通风；在夏天可以利用这一通风模式。

纵向通风：利用摇膜器，掀开前后的裙膜可横向通风；把兔棚两端的门敞开，可实施纵向通风。自然通风不需要通风设备，也不耗电，是资源节约型的。

发酵床兔舍内，设定相应的育雏箱，育雏箱由 3 个不同温度而连接在一起的一个整体箱组成。即休息室、采食槽、饮水槽，由休息室至饮水槽的距离不可低于 60～80cm，随着雏兔的逐渐长大，迫使雏兔每天至少行走 50～60 次。其实在发酵床养兔舍中，雏兔会更愿意，或更早地离开保温箱，到发酵床中活动和戏耍，啄食垫料，刨地等活动，从而锻炼了兔只的健康和消化道能力。

同时，每隔数米距离，放置几根支撑起来的竹架子，离地高度在 50～80cm，目的是让成兔可以飞上戏耍，并休息的地方，夏天又可以起到清凉解暑的作用，并可相应增加养殖密度，提高效益，减少心理应激。

另外，在兔舍外单独建设一个隔离栏舍，以备病兔隔离治疗处理之用。

三、设计垫料配方

垫料配方设计的原则是，垫料选择的原则是：以惰性（粗纤维较高不容易被分解）原料为主，硬度较大，有适量的营养如能量在内，各种原料的惰性和硬度大小排序为：锯木屑＞统糠粉（稻谷秕谷粉碎后的物质）＞棉籽壳粗粉＞花生壳＞棉秆粗粉＞其他秸秆粗粉，惰性越大的原料，越是要加点营养饲料如米糠或麦麸，保证垫料的碳氮比在 25∶1 左右，否则全部用惰性原料如锯木屑，通透性不太好发酵比较慢，没有一些颗粒或者体积大的粗垫料在内，发酵产热比较缓慢，所以，在发酵时需要添加适量的秸秆粉末或者稻糠。

四、发酵床养兔与发酵床养猪的不同特点

（1）发酵床养兔利用动物自身的特点的地方更多，如兔会用嘴啄食，又会用脚刨食，猪一般则对垫料的作用只是利用鼻来拱料，则更为节约人力。

(2) 兔发酵床的垫料选择和配方更为粗放一些，且简单得多，这是因为猪的发酵床垫料中需要人工添加适当营养物质如玉米粉等，而兔发酵床中可以完全不用额外的营养物质，完全使用惰性垫料材料即可，原因在于兔的粪便更为营养得多，并含有大量未消化吸收的饲料成分，因此，利用兔粪本身的营养，就可以大大保证垫料中微生物的发酵需要。

(3) 兔粪由于营养物质大大多于猪粪，所以，需要较大的发酵力度，所以，垫料中添加的（民心菌液）的频率或数量相对要多一些，如每平方米至少要2kg民心菌液（兔的垫料厚度至少30cm，猪发酵床则为至少60cm以上）。

(4) 由于单位面积兔粪的排放，少于养猪的猪粪的排放量，所以，兔发酵床的厚度要少得多，但为了效果更好，至少要30cm厚，北方最好在40cm以上。

(5) 发酵床养兔舍的建设，远比发酵床养猪舍的建设来得简单，投资也少得多。任何人只要简单地略作改动，即可以把旧兔舍改造成发酵床养兔舍。

养兔不用分隔成小栏饲养，所以，可以制作成大棚形式进行发酵床养兔舍的建设，所以，建设成本和建设难度大大小于发酵床养猪，选择高的地势，挖深30cm（地下式发酵床）、或堆高30～40cm（地上式发酵床）、或只挖15～20cm泥土，地上做20cm挡土墙（即半地上式发酵床），并在上面建设非常简单的塑料大棚即可成为发酵床养兔舍，不用建设地面设施，或破坏地面结构（如水泥地会破坏地面结构），也就没有破坏耕地用途。

而且由于兔是小型动物，所需要的塑料大棚的大小也就可以灵活机动（不像猪舍规定要有一定的大小），大一点小一点都没有关系，所以，只需要选择地势高一点的地方，可以随地而建，应势顺建等。

(6) 正是由于兔粪中的营养物质远大于猪粪，所以，兔场的臭味也远大于猪场，硫化氢和氨气浓度是猪场的10倍以上，对兔的健康影响非常大，发酵床可以基本消除养殖场氨气和臭味，所以，使用发酵床养兔，相对于发酵床养猪来说，单位投入产生的效益更为显著，使用发酵床的经济效益更高，降低兔的发病率的对比效果更为显著。

（7）在发酵床垫料上，由于相对发酵床养猪，兔粪发酵更旺盛一些，兔有就地做窝的习惯，任何一个地方都可以形成一小群兔的小气候，加上发酵床的发酵作用，即使是北方零下十几摄氏度，发酵床棚兔舍内也能达到自然保温的目的。

（8）发酵床养兔使用的垫料原料可以多种多样，混合使用，除了木屑或统糠粉或稻糠或大豆皮等，一定要占到40%以上外，还可以选用经破碎或切短处理后的秸秆等材料。

【案例】

余姚生态养兔效益彰显

在浙江省余姚市朗霞街道干家路村月飞兔业养殖场内，500m^2的堆粪棚，200m^3的沼气池，150m^3的沉淀池、生化池，零星的生态鱼塘散布在养兔棚的周围。

这是月飞兔业养殖场循环养殖、生态养殖的一个场景，也是宁波市生态循环农业科技推广项目实施的一个缩影。该养殖场通过"养兔生态循环与再生能源开发技术示范与推广"项目的实施，利用场内120亩农田及周边千亩蜜梨基地，种植牧草、高粱、水稻、毛豆、水果等作物，并收集稻草、秸秆、牧草等农副产品，通过"种、养、肥、能"相结合的生态循环模式，不仅可以实现年增利润45万元，年增产值315万元的经济效益，而且在节能减排、低碳发展、生态保护方面提供了一个技术示范样板。

近年来，为实现资源的合理利用，实现农业的可持续健康发展，余姚市农林局积极推广以低消耗、低排放、高效率为基本特征的生态循环农业发展模式，从而改善农业和农村的生产和发展条件，为余姚市的新农村建设和产业的健康发展提供持续动力。自2012年发布宁波市生态循环农业科技示范推广项目申报指南以来，余姚市已先后组织实施了"茭白鞘叶生态循环利用模式示范推广"、"多风味榨菜开发及废弃物利用研究"等5项宁波市生态循环农业科技推广项目。如今，生态循环养殖已越来越多地受到广大种养殖户的青睐和喜爱。

第四章 种养结合技术

第一节 农牧结合技术

一、种植业与畜牧业

(一)种植业

种植业是利用植物的生活机能,通过人工培育以取得粮食、副食品、饲料和工业原料的社会生产部门。包括各种农作物、林木、果树、药用和观赏等植物的栽培。有粮食作物、经济作物、蔬菜作物、绿肥作物、饲料作物、牧草、花卉等园艺作物。在中国通常指粮、棉、油、糖、麻、丝、烟、茶、果、药、杂等作物的生产。

(二)畜牧业

畜牧业是利用畜禽等已经被人类驯化的动物,或者鹿、麝、狐、貂、水獭、鹌鹑等野生动物的生理机能,通过人工饲养、繁殖,使其将牧草和饲料等植物能转变为动物能,以取得肉、蛋、奶、羊毛、山羊绒、皮张、蚕丝和药材等畜产品的生产部门。

(三)农牧结合

种植业与畜牧业是对立统一的关系,两者相互依赖,相互促进而又相互制约。农牧结合是中国传统农业的精华,它的主要特点是以农养牧、以牧促农,种养结合、循环利用。农牧结合是在土地、种植业、畜牧业三位一体的农业生产系统中综合利用资源,提高资源利用率和产出率,促进种植业与畜牧业协调发展的根本途径,是求得最佳经济效益、社会效益和生态效益,增加农民收入,改善人民生活,实现资源利用和乡村经济持续发展的重要途径。在农牧结合发达的地区,畜禽粪便污染的问题完全解决,农业丰产,畜牧增收,生态良好,人民富足,一派社会主义新农村的和谐景象。

二、农牧结合的意义

1. 双重减少农业污染,节约资源投入

按目前水平,畜禽粪便的资源化利用率一般在70%作用,化肥的平均利用率在30%~50%,未利用的畜禽粪便和化肥会带来双重农业污染,尤其是在一些养殖场集中的地方,畜禽粪便往往处理不了随意丢弃,对当地的环境、水源造成严重的污染。而通过农牧结合,配套沼气工程,将畜禽排泄物无害化处理,再以有机肥形式使用到种植业,畜禽粪便的资源化利用率可达95%以上,同时化肥的试用量减少20%以上。

2. 实现畜禽养殖污染零排放,拓展畜牧业生产空间

实践证明,茶园、果园、蔬菜地如果全部使用有机肥,每亩园地至少可资源化利用3头生猪的粪便。同时,生态养殖模式和养殖废气物综合利用的沼气工程,使养殖污染物化害为利,变废为宝,实现资源化利用,取得较好的经济效益。沼气可发电和供农户作炊事燃料,沼液是优质肥料,还具有一定的杀虫作用。有研究表明,使用沼液的土地比使用化肥的土地,每亩可节约化肥、农药成本200元以上。

3. 改善土壤地力,促进有机农业的发展

实验表明,农牧结合在减少畜禽粪便排放和污染,减少化肥使用和污染的同时,可以起到明显的改善土壤结构、缓解土地板结、提高土壤肥力的效果。在山区丘陵等土壤贫瘠地区,使用有

机肥后，茶叶可以增产15%左右，橘园增产10%以上，品质明显改善。

三、典型农牧结合模式

(一) "秸秆养牛"模式

1. 基本概念

秸秆养牛模式，就是利用非常规饲料资源，将农作物秸秆（如麦秸、稻秸、花生秸等）氨化处理后，作为饲料育肥杂交牛。如果1个农户饲养5头母牛（黄陂黄牛），人工授精改良配种，每年产杂牛5头，犊牛育肥1.5~2年后出栏，每年可以出栏5头杂交肉牛，养牛收入将会超过10 000元。

2. 发展条件

发展秸秆养牛模式应具备以下基本条件。

(1) 所在地农作秸秆丰富，且有较好的放牧条件。

(2) 有2万元以上的投资能力，其中，买5头能繁母牛需1.5万元，其他费用需0.5万元。

(3) 业主有养牛积极性，接受过秸秆氨化养牛技能培训，能熟练掌握农作物秸秆氨化技术。

3. 技术要点

(1) 品种选择。母牛选择地方良种——黄陂黄牛，配种人工授精化，与配公牛选择世界著名的肉用品种，如利木赞牛、夏洛莱牛、西门塔尔牛，育肥牛则为其杂交后代。

(2) 牛舍建筑。牛舍建设宜简单不宜豪华，冬季要求四壁严密，不透贼风，夏季通风良好，舍内干燥。牛舍大小根据牛的数量决定，一般每头占3~5m^2为宜。

(3) 秸秆氨化。每5头牛需建1个氨化池，根据牛饲养量可建单联池、双联池或多联池。氨化池一般长1.5m，宽1.2m，深1.0m，要求池内壁光滑，不透水，两个氨化池轮流使用。秸秆入池时要求切碎，长 3~5cm 为宜，均匀喷洒 4% 的尿素水溶液，将秸秆喷湿即可，不要有明水。秸秆下池后要压实，排尽空气，并用薄膜覆盖，防止漏气。2 周后（冬季气温低时延长至 20d）掀开薄膜，排氨 24h 后便可喂牛。

（4）牧草种植。秋季播种黑麦草、冬牧 70 等品种为宜，春季播种高丹草、篁竹草等禾本科牧草为宜。加强牧草的田间管理，适时收割，凉制干草后氨化处理。

（5）饲养管理。①牛群放牧和舍饲相结合，种母牛以放牧为主，育肥牛以舍饲为主，青草期以放牧为主，枯草期以舍饲为主。②合理补充精料，重点加强哺乳牛和育肥牛的营养补充，注意营养平衡，做到既不浪费精料，又保证营养物质供应充足。③抓好母牛的繁殖配种，缩短繁殖周期，提高繁殖率。④小公牛断奶后去势育肥。⑤保持牛舍清洁卫生，饮水清洁干净。

（6）疫病预防。①按免疫计划做好牛出败、五号病等重大疫病的免疫接种，并根据当地疫病的流行情况，做好其他疫病的预防工作。②坚持消毒制度，一般情况下牛舍每周消毒 1 次。③发现病牛隔离饲养，对症治疗。

4. 效益分析

按饲养 5 头母牛、出栏 5 头肉牛的规模测算，年利润一般在 10 000 元以上，依据如下。

（1）销售收入。年出栏杂交肉牛 5 头，平均每头售价 2 800 元，小计 14 000 元。

（2）养殖成本。氨化尿素及物资 700 元，牧草种子 100 元，精料补充 1 200 元，防疫、兽药费 600 元，母牛配种费 200 元，其他费用 500 元，小计 3 300 元。

（3）养殖利润。收入 - 成本 = 14 000 元 - 3 300 元 = 10 700 元。

(二) 北方"四位一体"生态农业模式

北方"四位一体"生态农业模式是一种庭院经济与生态农业相结合的新的生产模式。它以生态学、经济学、系统工程学为原理，以土地资源为基础，以太阳能为动力，以沼气为纽带，种植业和养殖业相结合，通过生物质能转换技术，在农户的土地上，在全封闭的状态下，将沼气池、猪禽舍、厕所和日光温室等组合在一起，所以，称为"四位一体"模式。

1. 技术要点

在一个 $150m^2$ 塑膜日光温室的一侧，建一个约 $8\sim10m^3$ 的地下沼气池，其上建一个约 $20m^2$ 的猪舍和一个厕所，形成一个封闭状态下的能源生态系统。

主要的技术特点：

(1) 圈舍的温度在冬天提高了 $3\sim5$℃，为猪等禽畜提供了适宜的生产条件，使猪的生长期从 $10\sim12$ 个月下降到 $5\sim6$ 个月。由于饲养量的增加，又为沼气池提供了充足的原料。

(2) 猪舍下的沼气池由于得到了太阳热能而增温，解决了北方地区在寒冷冬季的产气技术难题。

(3) 猪呼出大量的 CO_2，使日光温室内的 CO_2 浓度提高了 $4\sim5$ 倍，大大改善了温室内蔬菜等农作物的生长条件，蔬菜产量可增加，质量也明显提高，成为一类绿色无污染的农产品。

2. 效益分析

(1) 蔬菜增产，如冬季黄瓜、茄子 $1m^2$ 可增产 $2\sim5kg$，增收 $5\sim6$ 元，年节省化肥开支约 200 元；

(2) 温室育猪可提前 150d 出栏，降低成本 $40\sim50$ 元；

(3) 沼气点灯等年节电 60 元，节煤 130 元。

(4) 改变了北方地区半年种田半年闲的习俗，也改变了冬闲季节"男人打麻将，女人玩纸牌，邻里吵架和打骂"的陈陋风俗，促进了农村精神文明建设。

（5）农村庭院面貌整齐、清洁、卫生，完全改变了"人无厕所猪无圈，房前屋后多粪便，烧火做饭满屋烟，杂草垃圾堆满院"的旧面貌。

3. 现有规模

"四位一体"模式在辽宁等北方地区已经推广到21万户。

（三）南方"猪—沼—果"生态农业模式

南方"猪—沼—果"生态农业模式以沼气为纽带，带动畜牧业、林果业等相关农业产业共同发展的生态农业模式。

1. 技术要点

"户建一口沼气池，人均年出栏2头猪，人均种好一亩果"。

2. 效益分析

（1）用沼液加饲料喂猪，猪可提前出栏，节省饲料20%，大大降低了饲养成本，激发了农民养猪的积极性。

（2）施用沼肥的脐橙等果树，要比未施肥的年生长量高0.2m，多长5~10个枝梢，植株抗寒、抗旱和抗病能力明显增强，生长的脐橙等水果的品质提高1~2个等级。

（3）每个沼气池还可节约砍柴工150个。

3. 现有规模

在我国南方得到大规模推广，仅江西赣南地区就有25万户。

（四）西北"五配套"生态农业模式

"五配套"生态农业模式是解决西北地区干旱地区的用水，促进农业持续发展，提高农民收入的重要模式。

1. 技术要点

每户建一个沼气池、一个果园、一个暖圈、一个蓄水窖和一个看营房。实行人厕、沼气、猪圈三结合，圈下建沼气池，池上搞养殖，除养猪外，圈内上层还放笼养鸡，形成鸡粪喂猪、猪粪池产沼气的立体养殖和多种经营系统。

2. 特点

以土地为基础,以沼气为纽带,形成以农带牧、以牧促沼、以沼促果、果牧结合的配套发展和良性循环体系。

3. 效益分析

"一净、二少、三增",即净化环境、减少投资、减少病虫害,增产、增收、增效。每年可增收节支2 000~4 000元。

【案例】

600多万环保投入换来滚滚效益
——星源农牧开发有限公司采用立体种养模式发展循环经济

到了海口镇先强村,穿过一片火龙果林,便可看到一池鱼塘,路旁的榕树郁郁葱葱,撑出一片绿阴。如果不是事先知道这里是星源农牧开发有限公司,真以为是来到一个休闲农庄。

"办公生活区旁边就是猪舍。"公司负责人潘礼明说,"猪舍没有呛人的臭味,而且实现了污染零排放。"传统的养猪场,远远便飘出一股熏天臭味,漫天的蚊蝇更是让人不敢靠近。而星源农牧竟然把办公生活区建在猪舍旁,最近处不过1~2m的距离。

潘礼明的"敢"是有原因的

过去,星源农牧有限公司的养猪场和传统养猪场一样,污水直排,对周边村民影响很大。"畜牧业不走环保路是没有发展前景的。听专家说循环农业好,公司就赶了回'时髦',在环保方面投入了大量资金,走循环农业道路。"潘礼明说,2003年以来,星源农牧在省农科院农业工程技术研究所专家的指导下,依据循环农业的"3R"(减量化、再利用、资源化)原理,进行粪污循环利用方案设计,通过技术集成,先后投资600多万元构建了存栏万头的规模化养猪场粪污循环利用模式，解决了猪场粪便污染问题。

针对固液分离的粪渣含水率低、便于干化处理的特点，公司投入100多万元，利用猪粪渣栽培双孢蘑菇，年可产双孢蘑菇200t和姬松茸3.4t。为了消纳区域内部的固体猪粪、菌渣等废弃物，公司又投入200多万元建设了一座3 600 m^2的有机肥厂房，通过延长产业链，实现年产有机肥1.1万t，年实现产值600多万元，同时可消纳区域内各种固体废弃物2 500t左右，年节约有机肥原料成本约50多万元。

星源农牧公司还率先引进了沼气发电技术，成为全省第一家安装沼气发电机的企业。"沼气不仅满足了全场职工的生活用能，还可进行沼气发电。"潘礼明说，沼气年可发电70万度，通过沼气利用既避免了沼气直接排放破坏大气环境，又为猪场年节约电费40多万元。同时，发电产生的余热通过管内闭路循环，夏季可用于污水加温，冬季可用于小猪保温和污水升温。据介绍，为了配合沼液的施肥利用，公司还投资150多万元建设了全自动喷灌系统，自动检测土壤墒情，对耕地进行自动喷灌，对果树和蔬菜喷施沼液，年消纳沼液3.6万 m^3，节约化肥成本35万元。

在发展过程中，星源农牧还不断深化闽台农业合作。在畜牧养殖和果树种植等方面与中国台湾专家开展合作，发挥自身粪污循环产业链的优势，借助台湾农业的领先技术，不断提升管理水平，拓展市场，实现互惠互利。同时，引进中国台湾现代农业的高新技术和新品种，提升了公司现代农业产业技术水平，使公司在现代农业的发展道路上不断前进。与中国台湾千惠生物科技事业股份有限公司合作，引进该公司研发的生物菌剂，进行饲料微生物菌剂和环境用微生物菌剂的利用，降低了养殖成本，提高了生猪饲养水平和猪肉品质，改善了养殖环境，取得了良好的效果。建立了300多亩中国台湾水果园，引进了中国台湾最新火龙果品种"台农三号"红肉火龙果,并建立中国台湾蔬菜新品种示范基地500亩。"由于不用化肥,虫害少,农药也少用,公司生产的无公害蔬菜、水果除供应福州各大超市卖场外,部分产品还远销日本、新加坡等地。"潘礼明说。

通过粪污循环利用模式,星源农牧将养猪产生的猪粪、污水经过沼气发酵利用、固体粪渣利用以及沼液综合利用等多道工序,形成"生猪养殖—食用菌生产—有机肥产品—沼气发电—生产生活能源—种植施肥—鱼塘养殖"生态循环的立体种养模式,养猪场变成了生态系统良性循环的绿色工厂,给公司带来了源源不断的经济效益。

第二节 农渔结合技术

农渔结合技术是一种结构比较简单的种养模式,常见的有种草养鱼的草基鱼塘,种桑养鱼的桑基鱼塘,种藕养鱼的莲田养鱼,种稻养鱼的稻田养鱼等模式。

实施农渔种养循环技术,能够确保粮食稳产或基本不减产,效益明显提高,农、鱼产品符合无公害农产品质量要求。

一、草基鱼塘技术

(一)草基鱼塘概述

当前的草基鱼塘技术是指在养鱼水体及其周围种植各种青饲料、绿肥,然后利用作为养鱼饲料或肥料,提高养鱼产量,节约养鱼成本,增加经济效益。

从我国"基塘农业"的类型划分,草基鱼塘是基塘农业的一个组成部分。所谓"基塘农业",是在养鱼池塘四周堤基上种植不同的经济作物,如果树、桑树、甘蔗、饲料植物、蔬菜、花卉等。我国的基塘农业起始于明清时代,即在珠江三角洲广东及江苏、浙江一带的果基鱼塘、桑基鱼塘、蔗基鱼塘，到近40年来，湖北省以及发展到全国许多省份的草基鱼塘，还有是正在经济发达地区兴起的花基鱼塘。不同类型的基塘农业，在鱼池周围基埂上种植不同经济植物，但这些经济植物的肥料来源都取自鱼塘肥沃的淤泥。人们从这些作物上获得其经济价值外，还间接地或直接地作为养鱼饲料或肥料，达到渔业与农业配套、综合经营、良性生态平衡、提高经济效益的目的。

（二）草基鱼塘技术

1. 充分利用鱼池空间、底泥肥力、养鱼时间和太阳能量

养鱼池很多，但那些鱼池最适合种青，种青后其养鱼效果多大，应进行调查和设计。

2. 建设池底大面积青饲料基地

为处理好青饲料种植与鱼类养殖之间的关系，最理想的建设好堤、沟、台3个部分，现有种青养鱼的大部分池底，大多数是构成"回"字形沟。大面积湖泊则构成"回"字形，或"田"字形沟，或划分为几块，块与块之间筑低堤。

"沟"一般深0.5m以上，宽2m以上，占底面积的10%~20%。在种青期间，鱼种放入沟内培育。"台"即池底平台，台上种植青饲料。"堤"即池塘四周堤硬，为了在淹青期间能灌深水，应将堤抬高至2m以上。

3. 引种栽培和合理利用优质高产青饲料植物

池底种植面积尽可能大，至90%，主要有水稻、稗草、小米草。平均鲜草（如水稻则包括稻谷）亩产在3 000~6 000kg。

4. 套养大规格鱼种

为生产理想的各种鱼种，最好是按计划套养鱼种，并进行强化培育；尤其是解决湖泊大面积的鱼种要求，即数量大、规格大、品种多，因此，必须实行套养。

5. 增加人工饲料和肥料

为了达到高产，除池底青饲料外，必须大量增加人工饲料和肥料。

注意：以青饲料为主的养鱼方式，有其许多好处，但也存在着诸多不利于提高养殖经济效益的不利之处，特别在高产鱼塘中，其不利处如泛池死鱼事故多；鱼类生长较慢，单位面积产量较低等。为此建议，高产鱼池应强调增加精饲料比例，以精饲料为主。

由于青饲料营养成分低，草鱼为了获取生长所需营养，不得不增加食量。使用配合饲料或精饲料时，日进食量为体重的3%~5%；投喂青饲料为40%~60%，甚至更高。过量进食加重消化器官和呼吸器官生理负担，而引起消化系统、呼吸系统的疾病。据测，草鱼呼吸频率随着进食量的增加而提高。空腹时呼吸频率为68次/min；少量进食后为95次/min；饱食后达到123次/min。鳃腔往往张开很大，口腔扩张。当水中溶氧下降时，呼吸频率进一步提高。投喂青饲料过多的鱼池，草鱼的赤皮、肠炎、烂鳃等疾病增多，而且一般药物治疗效果不明显，除了有细菌感染的因素存在，更重要的是饲养方法不当所致。

6. 做好池底草场的经营管理

（1）科学地做好鱼塘全年生产计划，保证青饲料种植面积。

（2）控制好适宜池水水深，保证植物正常生长。

（3）定期检查鱼类生长速度，及时掌握饲料、肥料投喂情况，必要时调整计划。

（4）改善种青养鱼水质。

（5）及时了解鱼市场动态，买好商品鱼价格，获得更高经济效益。

二、桑基鱼塘技术

（一）桑基鱼塘概述

"桑基鱼塘"模式是将蚕沙、人畜粪便、枯枝败叶等投入沼气池内发酵制成沼气做燃料，然后用沼气渣喂鱼，形成了"桑—蚕—气—鱼"的新型农业结构，详见下图，并获得了鱼、蚕、桑、气的全面丰收，是现代农业的典型。

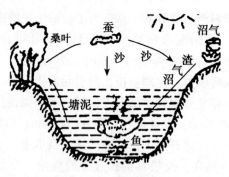

图 桑基鱼塘模式

（二）桑基鱼塘技术

1. 建塘

新开桑基鱼塘的规格，要求塘基比1∶1。塘应是长方形，长60~80m或80~100m，宽30m或40m，深2.5~3m，坡比1∶1.5。将塘挖成蜈蚣形群壕，或并列式渠形鱼塘6~10口单塘，基与基相连，并建好进出水总渠及道路（宽2~3m）。这样利于调节塘水、投放饲料、捕鱼、运输和挖掘塘泥等作业，也利于桑树培管、采叶养蚕。新塘开挖季节以选择枯水、少雨的秋末冬初为宜。挖好的新塘要晒几天，再施些有机粪肥或肥水，然后放水养鱼。加强塘基管理，塘基桑树的生长好坏，产叶量高低，叶质优劣，直接影响到茧、丝、鱼的产量和质量。因此，培管好塘基桑树，增加产叶量，是提高桑基鱼塘整体效益的关键。塘基桑园的高产栽培技术，应坚持"改土、多肥、良种、密植、精管"十字措施，以达到快速、优质、高产的目的，实现当年栽桑、当年养蚕、当年受益。

2. 改土

挖掘鱼塘，使原来肥沃疏松的表土、耕作层变为底土层，而原底土层填在塘基表面，作为新耕土层，虽有机质含量有所增加，但还原性物质也在增多。因此，在栽桑前应将塘基上的土全部翻耕一次，深度10～15cm，不破碎，让其冬天冰冻风化，增强土壤通透性能，提高土壤保水、保肥能力。若干年后，因桑基随着逐年大量施用塘泥肥桑而随之提高，基面不断缩小，影响桑树生长。所以，塘基要进行第二次改土工作，将高基挖低，窄基扩宽，整修鱼塘，使基面离塘常年最高水位差约1m，并更换老桑。

3. 多肥

应掌握增施农家有机肥料和间作绿肥的原则。一是要施足栽桑的基肥，亩施拌有30～40kg磷肥的土杂肥5 000～10 000kg，再施入粪尿500～1 000kg，或饼肥150～200kg，并配合施用石灰25～50kg，改良酸性土壤。二是在桑树成活长新根后，于4月下旬至5月上旬施一次速效氮肥，每亩施20kg尿素或50kg碳铵，最好施用腐熟人粪尿2 500～4 000kg。7月下旬再施一次，肥料用量较前次要适当增加一些，促进桑树枝叶生长，以利用采叶饲养中秋或晚秋蚕。三是桑树生长发育阶段要求养一次蚕施一次肥。并注意合理间种、多种豆科绿肥，适时翻埋。四是在冬季结合清塘，挖掘一层淤泥上基，这样既净化了鱼塘，又为基上桑树来年生长施足了基肥。

4. 良种

塘基栽桑，应选用优质高产的嫁接良桑品种，如湖桑 197、199、32 号，团头荷叶白及 7920 等，还应栽植 15% 左右的早、中生桑品种。

5. 密植

塘基因经过人工改土，土层疏松，挖浅沟栽桑即可。又因塘基地下水位高，桑树根系分布浅，宜密植。栽桑时采用定行密株，株行距以 33cm×132cm 或 50cm×100cm 为好，亩基栽桑 1 000~1 300 株。栽桑处须离养鱼水面 70~100cm，桑树主干高 20~30cm，培育成低中干树型。

6. 精管

塘基栽桑后，桑树中耕、除草、施肥、防治病虫害，合理采伐等培管都必须抓好，确保塘基桑园高产稳产，提高叶质。

三、莲田养鱼技术

（一）莲田养鱼概述

在农业产业结构调整中，莲池养鱼技术已在一些地方推广，这种种植养殖相结合的立体农业生产新模式，能充分利用自然资源，多层次产出，创造了亩产值近万元的好效益，管理技术也比较简单，易为农户接受。

（二）莲田养鱼技术

1. 莲池选择

选用光照充足，离水源较近，周围无化工厂、纸厂等污染源侵扰的池塘水面，池面积以 3~8 亩为宜，最少不要小于 2 亩；水深以适合莲藕生长为主，根据生长需求，逐步调节水深，以适应藕和鱼类生长需求。农村中房前屋后闲散的自然池塘，只要能保证水源，都可用来从事藕田养鱼。

2. 莲池建造

加高加固塘埂，使塘埂高出藕田最高水面40~50cm（一般莲藕田加水深度最高达50cm左右），埂宽30cm，压紧压实，确保不塌不漏。在池塘相对的两角分别设进排水口，设置2层拦鱼设施。在当中开挖鱼沟和鱼窝，鱼沟呈"田"字形或"井"字形，宽2~2.5m，深0.6~0.8m；鱼窝开挖数个，可设在鱼沟交叉处，长宽2.5~3m，深0.8~1m，这样在莲池施肥、用药、捕鱼时既便于集鱼，又便于鱼生长活动和集中投饵。鱼沟、鱼窝的面积占整个池塘的1/4~1/3。整翻莲塘最好在栽种前一年的夏天，深翻土壤，促进草根腐烂，沤成肥料。

3. 种藕栽培

要求藕种新鲜，无切伤，无断芽。均匀种植，一般行距1.5m，株距1~1.3m。亩种植量在200kg左右，栽植深度在15cm左右，用手扒沟使藕芽皆向田内，藕头压实。然后放水、灌水，其顺序为：浅、深、浅。即种藕后10d保持10cm左右的浅水，利于提高地温促发芽。以后随着气温的升高及藕、鱼生长，逐渐加深水位到40~50cm以上。当藕芽长出4~5片立叶时，每亩施入10kg尿素。6月下旬，莲藕长势旺盛，进行第二次追肥，每亩施15kg尿素、15kg钾肥，或者20kg复合肥，注意避免在烈日下施肥。

4. 鱼种放养

放养前10d左右，先清池消毒，具体消毒方法为每亩用块状石灰40kg，化水后泼洒；对盐碱地莲池采用碳铵清理消毒，一般亩用碳铵40kg。莲池塘放养以鲤、鲫为主，搭配少量草、鳊、鲢、鳙等鱼类，草鱼要迟放，以免损害莲芽。3~6月每亩放养鲤、鲫鱼种250~350尾，鲢、鳙鱼种100~150尾，规格均为20~30尾/kg为宜，7月每亩再放养草鱼种100~150尾，规格为5尾/kg左右为宜。

5. 日常饲养管理

（1）莲藕喜肥，除施足基肥外，还需及时追肥，一般每亩每次追施人畜粪肥 50~75kg，每月追肥 2~3 次。

（2）鱼类投喂数量和次数应看水质、水温、天气和饲料种类，养殖鱼种类规格及吃食鱼数量灵活掌握。原则是在 1h 内将饵料吃完为宜，注意观察和判断，避免盲目性。例如，藕田以饲养鲶鱼为主，前期主要投喂肉酱、鱼粉、豆饼粉、玉米面等；如养鲤、鲫鱼为主的藕田，最好投喂大厂家全价颗粒饲料，如经济欠佳，可投喂菜饼、豆饼、米糠等饲料。

（3）病虫防治。4 月以后，每月每亩用 15kg 生石灰化水浆全池遍洒 1~2 次，防治鱼病，改善水质环境。莲病主要是腐败病，发病时叶片发黄，主要是连作造成，注意预防；害虫有蚜虫等，可用 40% 乐果乳剂 1 500~2 000 倍液喷洒。喷洒农药注意用药适量，药液尽量不要喷入水中。

（4）加强巡查，防洪防逃。莲池养鱼能否成功，防逃工作是重要一环，应坚持观察，每日巡查，发现问题及时处理。

四、稻田养鱼技术

（一）稻田养鱼概述

稻田养鱼系指利用稻田的浅水环境，辅以人为的措施，既种植水稻又养殖水产品，使稻田内的水资源、杂草资源、水生动物资源、昆虫以及其他物质和能源更加充分地被养殖的水生生物所利用，并通过所养殖的水生生物的生命活动，达到为稻田除草、除虫、疏土和增肥的目的，获得稻鱼互利双增收的理想效果。

（二）稻田养鱼技术

1. 稻田工程建设

（1）鱼凼（鱼溜）的建设。鱼凼占总面积 5%~8%，可建在田中央或田边或田角,开挖成方形或圆形鱼凼,鱼凼深80cm,与鱼沟中心相通,可在栽秧前30~40d挖鱼凼,挖成后每隔10d再整埋一次,连续整埋3~4次,鱼凼成型较好。

(2)鱼沟的建设。占总面积的3%~5%。根据田块大小、形状开挖成"一"字形、"十"字形、"井"字形或"田"字形,沟宽40~60cm,深30~40cm,使横沟、纵沟、围沟连通。中心鱼沟顺长田边,在田中心开一条沟;围边鱼沟,离田埂1.5m处开挖。

(3)加高加宽,加固田埂。在插秧前加高、加固田埂,经加固的田埂一般高80~120cm,宽60~80cm,并锤打结实以防大雨时垮埂或水漫出田埂逃鱼。

(4)开好注、排水口、安装拦鱼栅。进排水口应开挖在稻田相对应的两角田埂上,使水流畅通。排水口的大小,应根据田的大小和下暴雨时进水量的大小而定,以安全不逃鱼为准。进、排水口安装好拦鱼栅,防止逃鱼和野杂鱼等敌害进入养鱼稻田。拦鱼栅可用铁丝、竹篾等材料做,拦鱼栅长度为排水口的3倍,使之成弧形,高度要超过田埂10~20cm,底部插入硬泥土30cm。

2. 养殖种类的选择、鱼种放养规格、放养量等的确定

(1)稻田养鱼。每亩可放体重50g的鲤鱼种150尾,体重50g的草鱼70尾或放养寸片鱼种600~800尾,放养比例,鲤鱼60%~80%,草鱼20%,鲫鱼10%。一般经8个月的养殖,可收获成鱼100kg或大规格鱼种80kg左右。

(2)稻田养蟹。计划亩产商品蟹20kg以上的,每亩放规格为80~120只/kg的蟹种4~5kg;计划亩产商品蟹30kg以上的,可放上述规格的蟹种6~7kg。也可实行鱼蟹混养,每亩放规格为80~120只/kg的蟹种2.5~3kg,大规格鱼种10~15kg。

(3)稻田养青虾。通常每亩放规格1.5cm以上的虾种

1.5万~2万尾,或抱卵亲虾0.3~0.5kg,并可适当放养少量鲢鳙鱼夏花,以充分利用稻田水域空间和调节水质。

3. 科学投喂管理

日投饵量应视水温、水质、季节而定,一般日投饵量占池鱼体重的3%~5%或占池虾、蟹体重的5%~8%。每天上、下午各投喂一次,投喂的饵料种类由养殖品种决定。河蟹、青虾为杂食性水生经济动物,植物性饵料、动物性饵料皆喜欢吃,尤喜食动物性饵料,且有贪食的习性。因此,在河蟹、青虾饵料的组合与统筹上,应坚持"荤素搭配,精育结合"的原则,在充分利用稻田天然饵料的同时,还应多喂些水草、菜叶、南瓜等青饲料,辅以小杂鱼、螺丝等动物性饵料,实行科学投饵,使之吃饱吃好,促进生长。

4. 水质调控管理

养鱼稻田水位水质的管理,既要服务于鱼类的生长需要,又要服从于水稻生长要求干干湿湿的环境。因而在水质管理上要做好以下几点:一是根据季节变化调整水位。4~5月放养之初,为提高水温,沟内水深保持在0.6~0.8m即可。随着气温升高,鱼类长大,7月水深可到1m,8~9月可将水位提升到最大。二是根据天气水质变化调整水位。通常4~6月,每15~20d换一次水,每次换水1/5~1/4。7~9月高温季节,每周换水1~2次,每次换水1/3,以后随气温下降,逐渐减少换水次数和换水量。三是根据水稻烤田治虫要求调控水位。当水稻需晒田时,将水位降至田面露出水面即可,晒田时间要短,晒田结束随即将水位加至原来水位。若水稻要喷药治虫,应尽量叶面喷洒,并根据情况更换新鲜水,保持良好的生态环境。

5. 日常管理

稻田养殖的日常管理,要求严格认真,坚持不懈,每天坚持早晚各巡田一次,注意查看水位变化情况、鱼类摄食活动情况和

第四章 种养结合技术

防逃设施完好程度等,发现问题及时采取相应的技术措施,并做好病害防治工作。

(三)注意事项

(1)建设稻田工程,开厢挖沟时,应依水流或东西向开挖鱼沟,以利排洪,有利稻田通风透光,增加稻谷产量。

(2)水稻治虫用药要恰当,敌百虫、敌敌畏等农药不能用,其他低毒高效农药的使用,要对鱼类没有危害,并采用喷雾的方法,用药后要及时换水。

【案例】

蟹肥稻丰 双丰收

近年来,滨海新区碧水清湾种植合作社采用稻蟹混养的方法种植水稻,连续几年获得丰收,为水稻种植生产积累了经验,引领了当地水稻种植的新模式。

在杨家泊镇的萝卜坨村,可以看见120亩的稻田一片碧绿,长势良好。微风过后,荡起一片绿波。

据碧水清湾种植合作社负责人刘强介绍,河蟹混养,在水稻种植中是一种新方式,水稻和河蟹同时获得丰收。一个是增加稻田的附加值,一个是减少稻田的病虫害,河蟹将害虫都吃掉了,减少水稻的害虫。所以说一直保持水稻的品质,不能打农药,保证河蟹的生长,是一种比较生态的养殖方法。

说到稻蟹混养的方法,他认为只有用农家肥,才能既保证水稻的丰产,又能保证河蟹的生长。这里包括科学的使用水肥和投苗方法。

在灌荒之前,插秧之前,将第一遍农家肥底肥先施下去,一亩地施了三车猪粪。通过农家肥改良了土壤,后期在栽种水稻的时候,长势就良好了。在插完秧之后,将河蟹苗就投放了。在农历八月十五日后就出成蟹了。到那时成蟹都在100~150g。现在是120多亩,一亩地按照理论的算法,一亩地50kg投放的,预计有500kg吧。

经过几年的实践和摸索,这个合作社基本掌握了稻蟹混养的特点和规律,总结了一整套先进的、切实可行的稻蟹混养经验,保证了水稻的丰产丰收,也赢得了用户的青睐。现在,附近的村有许多农户都来这里学习取经。

刘强说,水稻销售情况就是尽产尽销,产完后基本上就销了,因为咱们通过这几年的栽种,水稻品种大家吃了都挺爱吃的这个米的,一般的都是老客户,吃了明年还要,因为咱们这个不走市场,十几万千克都是大家来这购买来。价格上比市场要高一点,因为咱们这保持品质,本身这些老客户在栽种过程中平时也过来看,他也了解咱们这种方式。一般的价格高一点他也认可。

第三节 农业微生物结合技术

一、概述

1. 农业微生物

自然界中,除了多种多样的动植物,还有一大类形体微小,结构简单,一般肉眼看不见的低等生物,称为微生物。微生物不是生物界的一个独立类群,也不是分类学上的名称,而是所有微小生物的统称。

与农业有关的主要微生物类群有:属于原核生物的细菌、放线菌、蓝细菌;属于真核生物的酵母菌、真菌、蕈菌等。

2. 农业与微生物结合技术

根据生态农业的原则,食用菌生产采用不同的构型,如平面结构型、立体结构型、时间结构型和增链结构型,与农业、林业、畜牧业以及水产养殖业紧密相关地联系在一个系统中,构建了粮菇型、菜菇型、棉菇型、油菇型等各种类型的食用菌立体高效益栽培模式。

在这个系统中,食用菌和其他生物合理搭配,不但能充分利用气象资源和空间,而且能产生生物种间的互利效应,给食用菌生产赋予崭新的内容,成为我国食用菌产业发展的一个重要特色。

二、稻田套种平菇

在水稻生长发育期间,利用稻行空间和稻丛荫蔽下的特殊条件套种平菇,既可为平菇的生长发育提供适宜的温湿条件(昼夜温差大、遮阳好、散射光充足等),使平菇获得高产,又可填补夏季菇少的市场淡季,丰富夏季蔬菜品种,增加稻农收入。

1. 茬口安排与田块设计

水稻品种宜选择抗倒伏性强、株身高、秆粗、抗稻飞虱的品种为宜。播种期在5月下旬,6月下旬移栽,密度只要两蔸稻间能放24cm×45cm聚丙烯塑料菌袋即可,间隔几株留出一条30~40cm的走道,作检查、采菇用。摆菌袋之前,田块应挖好围沟和厢沟,以利排、灌水。

2. 平菇品种的选择

平菇原种制作一般在6月下旬,栽培种制作在7月下旬,栽培袋制作在8月下旬。品种应选用高温型菌株,如831,三峡13号,HP-1和凤尾菇,也可选用广温型平菇如三峡1号等。

3. 制袋与发菌

(1) 培养料配方。配方一:棉壳89%,玉米粉3%,石膏粉2%,进口复合肥1%,石灰粉5%(对水拌料)。配方二:稻草79%,麦麸10%,玉米粉3%,复合肥1%,石膏粉2%,石灰5%(对水拌料)。上述两个配方中均另加0.2%多菌灵,含水量

62%~65%。每袋装干料1~1.2kg。

(2) 堆料发酵。选择新鲜无霉变的棉壳或金黄色稻草在阳光下暴晒2d，杀灭杂菌和虫害，然后将上述配方中原料混合均匀，用石灰水拌料，料水比1:1.6。再做成宽1.5m、高1.2m、长不限的料堆。周围盖薄膜，顶部盖稻草，如遇雨天可用薄膜盖，不让雨水流入料内。2~3d后翻堆一次，使料上、下、里、外调换位置。再堆2~3d，仍需覆盖。

(3) 装袋接种。装袋前在料堆四周用1:1 000倍敌敌畏和1:100倍甲酚皂药液将料和场地均匀喷一遍，进一步杀灭虫害，去掉氨味，搞好场地环境消毒。装袋时料要装紧，装至距袋两端各留5cm即可，然后用2~2.5cm直径木棒在料中央打一洞，贯穿两头，用菌种将洞填满，两头料面各播一层菌种，套上套环，盖上两层牛皮纸，用绳扎紧，置于阴凉室内发菌。发菌期间应经常检查料温变化和菌丝生长情况，发现杂菌及时检出，注意通风和翻袋，约20d可长满菌丝。

4. 菌袋下田后的管理

菌丝长好发足后，此时，正好是水稻封行抽穗完成，具备了遮阳保温条件，将已长好的菌袋搬入稻田进入出菇阶段管理。菌袋搬入稻田前，一是要把围沟、厢沟开好，排干积水（以后进行湿润管理）；二是应重治一次稻飞虱；三是将菌袋套环等去掉，将袋口挽至料平；四是菌袋摆放好后，灌一次大水，水淹菌袋不超过1/3，3~5h排干，然后促使原基形成。后期的水分管理主要以勤灌勤放为原则。采用干湿交替的管理办法，1周后可采收头潮菇。采收一潮菇后，再灌一次大水，经24h后排水，便进入二潮菇的管理，10d左右可采收二潮菇。这样共可收三潮菇和四潮菇，一直到水稻收割，如果菌袋还能出菇，可搬到其他场所埋土再出菇或者用于栽培鸡腿菇。

每亩稻田一般可排放4 000袋，每亩可产鲜平菇6 000多kg。

三、稻田套种木耳

水稻生长季节套栽黑木耳，水稻田的小气候能够较好地满足木耳籽实体生长发育的需要，使黑木耳产量提高1~2倍，每亩产量可达250kg。

具体方法如下。

1. 菌种与稻田的选择

（1）选择耐温菌种。

（2）选择经耕作整平后易沉淀，经"烤田"后易板结成稻板的田块。在稻田周围开挖排水沟，灌水深1.6~3.3cm，以备菌棒套作。

2. 套种时间安排

每年4月中旬制作袋料，灭菌后经40~50d菌丝萌发。当菌丝缠绕，整袋呈绒白色，在袋料上方有条形出耳孔，即可进行套作放置。早稻田在6月15日前后，晚稻田在9月15日前后，在兜间套放已经准备好的菌棒，按大小逐个放置。

3. 水浆管理

稻田的水面不能过高，避免淹没菌棒。若有隐性水源，要注意排水，控制好水层，做到间歇落干。

4. 采收

当耳片边缘变软，肉质肥厚，耳根收缩或背面产生白色孢子粉时，说明耳片已接近成熟或已经成熟，应及时排水采收。

四、玉米平菇立体种植

利用平菇、玉米间作技术进行平菇生产，能获得良好的经济效益。现将立体间作种植技术介绍如下。

（一）平菇播种及发菌

1. 菌种选择

平菇菌种宜选用生物效率高、适应性广、抗逆性强的品种。

2. 培养料的选择及配方

适于平菇栽培的培养料较多，如棉籽壳、玉米芯、豆秸等，可根据当地情况就地取料。培养料要求新鲜、无霉变。使用前暴晒2~3d，利用太阳光中的紫外线杀菌。另外，用玉米芯和豆秸作培养料时，需先粉碎，然后在1%石灰水中浸泡24h，沥去多余水分再用。各种培养料配方：①棉籽壳100%，外加石灰1%；②玉米芯90%、麦麸10%，外加石灰1%；③豆秸90%、麦麸10%，外加石灰1%。上述3种配方均需将培养料充分拌匀、加水。料水比为1:1.2，即含水量约为60%。

3. 接种方法

为了能与玉米遮阴期相吻合，平菇接种时间一般在3月底至4月初。选用规格20cm×40cm、厚4丝的聚乙烯塑料袋，用种量为培养料的10%。采用两端和中间3层播种方式。在塑料袋中间用直径2.5cm左右的木棒插洞，以利通气。

4. 发菌阶段管理

发菌场地应选择通风阴凉、不被阳光直射的地方，并用饱和石灰水喷洒杀菌，发菌时采用料袋堆垛方式，堆垛不可过高过厚，以防通风不良或堆内温度过高。堆上加盖遮阴物，以创造黑暗阴凉的发菌环境。发菌期间要观测料内清晰度，若料内温度达28℃以上，则需向覆盖物上喷水降温。还要定期检查污染情况，剔除污染菌袋。

（二）玉米播种

1. 品种选择

为了得到良好的遮阴效果，要选用抗倒伏、晚熟、抗逆性强的品种。如农大198、掖单13等。

2. 大田准备

选用近水源,能排涝,耕层深的砂壤土地块。亩施土杂肥3 000kg、磷酸二铵10kg。深耕整平后,撒施呋喃丹等农药,杀灭地下害虫。

3. 田间设计及玉米播种

平菇、玉米播种条幅宽均为40cm。条幅间设管理走道,宽40cm,地块两端留1m保护行,种植玉米,两端各留0.5m宽排水沟。田间条幅布局为:玉米—平菇—走道—平菇—玉米。

玉米播种一般在4月中上旬进行。先将玉米条幅起宽40cm、高2~5cm的垄,然后播种玉米。如墒情不良,则需先浇水造墒。玉米的株行距均为20cm,即每畦播种两行玉米。播后覆土覆膜,待玉米出苗后,破膜,引苗出土。

(三) 菌袋移置

5月底,玉米进入小喇叭口期,已有一定的遮阴效果,就可将发好的菌袋移至田间出菇。在出菇种植条幅上开深15cm,宽40cm的畦沟,随之灌足底水。待水下渗后,脱去菌袋外的塑料袋,并自中间断开,将截面向下置于畦沟内,覆2~3cm厚的细土,喷洒适量水,以利菌块保湿。一周后即进入出菇期。

(四) 田间管理

1. 平菇管理

在玉米大田间作平菇,由于大田气候相对恶劣,且不易控制,故需进一步加强某些环节的管理。

(1) 为了保证田间空气湿度,应增加喷水次数。实践证明,当空气相对湿度低于80%时,需进行喷水。晴朗天气9:00时和17:00时少量喷水,12:00和14:00增加喷水量,可保证田间空气湿度为85%~90%。

（2）如遇阴雨天气，应在雨前采菇，或用塑料薄膜弓形遮盖，以免雨水溅起的泥水影响菇体质量。同时，注意排水，避免畦内积水。

（3）高温季节，应覆土保护菌丝越夏。8月上旬气温较高，在平菇条幅上覆土10~15cm，防止菌丝老化、衰老、使其安全越夏。至9月上旬。气温有所下降，去土喷水，继续进行出菇管理。

（4）出菇后期，因玉米秸秆枯死，遮阴效果较差，可采取辅助遮阴措施。如在平菇上方拉编织布或玉米收获前于行间种扁豆、菜豆等爬蔓植物，以解决后期遮阴问题。

（5）注意平菇虫害防治。生长后期田间易发生跳虫，多密集在平菇菌盖表面或菌褶内。此时防治措施是，将蓖麻籽油的水溶液洒于菇体上，或在两茬采收期间喷洒敌百虫800~1 000倍液，2~3次即可收效。

2. 玉米管理

玉米生长期间可按常规管理，注意玉米螟、金龟子等害虫的防治。收获时，应掰下果穗，保留完整的秸秆，以继续保持其较好的遮阴效果。

【案例】

甘蔗地套种食用菌增产又增收

3年前，双峰乡山之舟生态农业有限公司总经理包金亮在自家基地进行了甘蔗套种食用菌试验。

包金亮说："通过3年试种，甘蔗套种食用菌立体栽培模式已获成功，甘蔗种植效益大幅提高，如今1亩地不仅有5 000~6 000元甘蔗收入，还有两季食用菌收益。"

说起套种缘由，包金亮说，甘蔗一般3月开始栽种，10月成熟，期间有近半年时间土地闲置，他就琢磨能不能把食用菌套种在甘蔗地里。于是，他在自家的3亩甘蔗地里做起了试验。他认为，食用菌套种在甘蔗地里，一来通风条件更好，二来甘蔗叶可以遮挡部分阳光，为食用菌生长提供了一个仿野生环境，甘蔗还可为食用菌提供制作菌棒的原料。

目前，包金亮的甘蔗地里套种着好几种菌菇。以猪肚菇为例，其生长周期为5~9月，4个月里它在甘蔗地里与甘蔗共生共长。9月猪肚菇采摘后，又开始套种香菇、平菇。

包金亮说："甘蔗榨糖以后，甘蔗渣作为原料制作菌棒，食用菌采摘后，废菌棒可以作为来年种植甘蔗的底肥。"

据包金亮介绍，加上猪肚菇、平菇、香菇的收入，现在他家的甘蔗地亩产值可达3万元，每亩利润近万元。他计划明年在基地全面推广这一模式，把套种规模扩大到50亩。

第五章　生态加工技术

第一节　农产品加工业的地位和作用

一、农产品加工概述

1. 农产品加工的概念

农产品加工是指利用粮食、蔬菜、水果、油料、畜禽、水产等农产品为原料的直接加工和再加工成产品的过程，其与种植业、养殖业有机结合在一起。

广义的农产品加工，是指以人工生产的农业物料和野生动植物资源及其加工品为原料所进行的工业生产活动。

狭义的农产品加工，是指以农、林、牧、渔产品及其加工品为原料所进行的工业生产活动。

2. 农产品加工业的概念

农产品加工业是以农产物料为原料进行加工的一个产业或行业，在整个加工业中占举足轻重的地位。

3. 农产品加工业划分

国际上通常将其为5类：食品、饮料和烟草加工；纺织、服装和皮革工业；木材和木材产品包括家具制造；纸张和纸产品加工、印刷和出版；橡胶产品加工。

我国在统计上与农产品加工业有关的是12个行业：食品加工业、食品制造业、饮料制造业、烟草加工业、纺织业、服装及其他纤维制品制造业、皮革毛皮羽绒及其制品业、木材加工及竹

第五章 生态加工技术

藤棕草制品业、家具制造业、造纸及纸制品业、印刷业记录媒介的复制和橡胶制品业。

二、农产品加工业的地位作用

农产品加工业是农业现代化的重要标志,是我国经济发展的战略性支柱产业。它的发展,对于实现农业强起来、农村美起来和农民富起来,推进"四化同步"和城乡发展一体化具有十分重要的意义和作用。

农产品加工业的地位作用主要体现在以下4个方面。

1. 现代农业的重要内容

现代农业是一、二、三产业高度融合的产业,没有农产品加工业就没有现代农业。通过发展农产品加工业,能使农业生产经营主体按照加工需要组织生产,集成利用现代要素,促进农业的专业化、标准化、规模化、集约化生产;能使农业注入资金、技术、管理、人才、设施等生产要素,增强农业的综合生产能力,促进农业发展方式的转变;能使农业上下游相关产业、相关环节有机融合,带动相关配套产业联动发展,促进种养加、贸工农一体化;能使农产品加工层次、科技含量、质量等级和品牌优势得到发挥,实现农业增值增效,促进农产品市场竞争力的提升。

2. 农民就业增收的重要渠道

农产品加工业从业人员中70%以上是农民,为农民人均纯收入贡献了9%,为农民在其他一些增收渠道边际效益递减的情况下,开辟了新的增收空间。很多地区的经验表明,通过发展农产品加工业,可以缓解农产品卖难问题,减缓价格波动,实现农民充分就业;可以延长农业的产业链、就业链、效益链,实现农民多层次多渠道增收。

3. 农村经济的重要支柱

一些农村凋敝衰落的主要原因就是因为缺乏产业支撑,缺乏对本地特色优势农产品的开发利用。通过发展农产品加工业，促进农产品和劳动力两大优势资源的快速整合，有利于形成农村资源高值化利用和内生发展的优势；促进农业分工分业，有利于带动农业相关产业的发展；促进人口聚集和公共设施建设，有利于改善农村生产、生活、生态条件。

4. 推进"四化同步"和城乡一体化的重要途径

城市和工业不会自动带动农村和农业，需要特殊产业作为媒介搭建起桥梁和纽带。通过农产品加工业的发展，能够留住农村资源要素，缓解农村"三留守"和"空心村"问题；能够吸引城市资金、技术、人才、管理等要素向农村回流，承接城市和大工业的辐射带动；能够满足城乡居民日益增长的多样化、多层次要求和安全、健康消费需要。从而有利于在总体上形成以工促农、以城带乡、工农互惠、城乡一体的新型工农城乡关系，让广大农民平等参与现代化进程，共同分享现代化成果，更加体面地劳动，更有尊严地生活。

第二节　农产品安全生产的主要环节

影响农产品质量安全的有产地环境质量、农业投入品使用和采后加工储运过程等。

一、产地选择原则

产地要选择生态条件良好、远离污染源、并具有可持续生产能力的农业生产区域。产地最好集中连片，具有一定的生产规模，产地区域范围明确，产品相对稳定。

二、科学选购农资

为了保证所采购的农业投入品质量合格，避免假冒伪劣产品的影响，一定要采购合格优质的农资产品。

三、种子的选择

根据栽培区的生态条件和病虫发生情况选择高产优质、抗病性强的品种。

四、合理用药

田间管理操作与物理、生物和化学的防治方法相结合，制定有效的综合防治措施。

1. 遵守农药安全使用规则

严格禁止剧毒、高毒、高残留或具有三致性（致癌、致畸、致突变）的农药在无公害农产品上使用。

禁止使用的农药有：甲胺磷、甲基对硫磷、对硫磷（parathion）、久效磷、磷胺、六六六、滴滴涕、毒杀芬、二溴氯丙烷、杀虫脒、二溴乙烷、除草醚、艾氏剂、狄氏剂、汞制剂、砷、铅、敌枯双、氟乙酰胺、甘氟、毒鼠强、氟乙酸钠、毒鼠硅。

根据作物种类不同，安全程度要求不同，对有些农药的使用范围进行进一步的限制。如在蔬菜、果树、茶叶、中草药生产中不得使用和限制使用的农药有：甲拌磷、甲基异柳磷、特丁硫磷、甲基硫环磷、治螟磷、内吸磷、克百威、涕灭威、灭线磷、硫环磷、蝇毒磷、地虫硫磷、苯线磷、氰戊菊酯。

注：鉴于出口蔬菜对毒死蜱农药残留限制较严，蔬菜作物应限制或限量使用毒死蜱农药。

2. 遵循农药安全间隔期

安全间隔期是指最后一次施药至收获期、食用作物前的时间，在实际生产中，最后一次喷药到收获之前的时间应大于所规定的安全间隔期，不允许在安全间隔期内收获作物。

3. 安全防护措施

施用农药的人员必须做好规定的安全防护措施，按照相关规定处理剩余的药液和废弃、过期农药，妥善收集和处理空容器。

4. 健身栽培，减少用药

开展生物、物理防治，通过耕作措施，能消灭部分病虫，造成不利于病虫发生的条件，科学配方施肥，使农作物健壮生长，提高抗病虫能力。

五、肥料施用

施肥不合理或用量过多，会造成盐分积累、养分失调、土壤团粒结构破坏、地力下降，严重破坏土壤微生态系统，并会使土壤与农产品中硝酸盐和亚硝酸盐含量超标，影响农产品质量安全。合理施肥的原则是：有机肥为主，化肥为辅；施足基肥，合理追肥；科学配比，平衡施肥；注意各养分间的化学反应和拮抗作用。

六、灌溉

要保证灌溉水源不受工业和城市生活废水的污染，水中的重金属离子、有害化合物和病原微生物的含量不能超过国家规定的指标。根据节水原则，经济合理地利用水资源，选择合理的灌溉方式，提倡滴灌、喷灌、沟灌、浇灌和渗灌，减少漫灌。

七、采收与加工

在采收过程中应当做到：

（1）保持采收机械、器具的洁净、无污染。

（2）保持采后处理区的清洁卫生。

（3）清洗用水应满足相关要求。

（4）对农产品采后处理使用的化学物品进行采后处理。

第五章 生态加工技术

(5) 种植者应当自行或者委托检测机构对农产品质量安全状况进行检测,把好质量关。

八、包装与运输

材料符合相应的卫生标准。禁止使用化肥或农药袋来装运粮食。在运输过程中,应保持运输车辆的清洁、卫生;不应与其他有毒、有害物质混装。包装禁止冒用农产品质量标志。

九、可追溯体系

食品可追溯体系可以提供产地、生产方式、生产者名称、地址等,还包括产品从产到销的全部过程。对种植业产品来说,主要是要做好生产过程记录和包装标志记录。

第三节 生态加工的关键技术

一、"危害分析 重点控制"技术

"危害分析 重点控制"技术是用于对某一特定食品生产过程进行鉴别评价和控制的一种系统方法。该方法通过预计哪些环节最可能出现问题,或一旦出了问题对人危害较大,来建立防止这些问题出现的有效措施以保证食品的安全。即通过对食品全过程的各个环节进行危害分析,找出关键控制点(CCP),采用有效的预防措施和监控手段,使危害因素降到最低程度,并采取必要的验证措施,使产品达到预期的要求。

实施 HACCP 的意义具有重要意义。

(1) 增强消费者和政府的信心。因食用不洁食品将对消费者的消费信心产生沉重的打击,而食品事故的发生将同时动摇政府对企业食品安全保障的信心,从而加强对企业的监管。

（2）减少法律和保险支出。若消费者因食用食品而致病，可能向企业投诉或向法院起诉该企业，既影响消费者信心，也增加企业的法律和保险支出。

（3）增加市场机会。良好的产品质量将不断增强消费者信心，特别是在政府的不断抽查中，总是保持良好的企业，将受到消费者的青睐，形成良好的市场机会。

（4）降低生产成本（减少回收/食品废弃）。因产品不合格，使企业产品的保质期缩短，使企业频繁回收其产品，提高企业生产费用。如在美国300家的肉和禽肉生产厂在实施HACCP体系后，沙门氏菌在牛肉上降低了40%，在猪肉上降低了25%，在鸡肉上降低了50%，所带来的经济效益不言而明。

（5）提高产品质量的一致性。HACCP的实施使生产过程更规范，在提高产品安全性的同时，也大大提高了产品质量的均匀性。

（6）提高员工对食品安全的参与。HACCP的实施使生产操作更规范，并促进员工对提高公司产品安全的全面参与。

二、"ISO22000"技术

按照国际标准组织（ISO）的观点，ISO22000确定为确保食品供应链上没有缺陷的连接点。该标准"从饲料生产、初级生产到食品生产商、运输和储藏企业以及零售分包商和食品服务的出口——与食品内部关联组织，如设备生产商、包装材料、清洁剂、添加剂和配料生产商等都可以采用。"

ISO22000详细说明了食品链上食品管理体系的要求，为了提供安全一致的终端产品以满足适合消费者和采用的食品安全法规两者的要求，组织需要证明他们控制食品安全危害的能力。

三、"GMP"技术

"GMP"是英文 Good Manufacturing Practice 的缩写，中文的意思是"良好作业规范"，或是"优良制作标准"，是一套针对农产品生产（包括作物种植和动物养殖等）的操作标准，是提高农产品生产基地质量安全管理水平的有效手段和工具。

GMP——食品良好生产规范，要求食品生产企业（公司）具备合理的生产过程，良好的生产设备、先进科学的生产规程、完善的质量控制以及严格的操作程序和成品质量管理体系，并通过对其生产过程的正确控制，以达到食品营养与安全的全面提升为目标。

英文 Good Agricultural Practices，简称 GAP，中文称良好农业规范。

第四节 农产品加工业的发展趋势

一、现代计算机、自控、微电子等高新技术在农产品加工技术中广泛应用

现代图像识别技术的发展和完善，将使水果、蔬菜的挑选、分级依靠计算机来自动完成；利用现代检测、控制和计算机技术，可以实现对农产品生产加工过程的远程控制，以降低生产成本、提高生产率和产品质量。

二、农产品精深加工与综合利用技术

如研究开发菜子、棉籽、豆饼等饼粕的脱毒及氨基酸、蛋白质分离提取技术；研究苹果和柑橘渣、皮提取香精、色素技术；利用淀粉生物发酵技术开发化工原料、生产可降解塑料；农作物

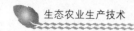

秸秆综合加工利用技术等。

三、功能保健食品加工技术

如蜂乳中活性物质的分离技术、蚂蚁体中草体蚁醛提取与纯化技术、各种微量元素在食品中的添加技术等正在成为各国研究开发的重点。

四、植物性蛋白提取加工技术

目前,各国科学家在这方面的研究重点,主要集中在大豆蛋白的提取与加工。随着大豆蛋白提取加工技术的成熟,从其他丰富的植物资源,如棉籽和菜籽饼中提取植物性蛋白的技术,必将受到人们的重视与关注,成为21世纪农产品加工技术的一个发展重点。

五、生化技术

如利用纤维素酶对农业副产物和废弃物进行处理加工;利用乳酸菌、双歧杆菌等发酵技术生产风味保健乳酸制品以及利用蛋白酶进行肉制品的保鲜等,已取得实际应用。

【案例】

扬起生态发展大旗　助推县域经济远航

农业项目一波接一波,建设场面热火朝天;农产品加工企业异军突起,农业产业化呈大发展态势。京山,作为"全国首批生态农业建设示范县",已经扬起生态发展的大旗,以农产品加工业为着力点,助推县域经济快速远航。

近年来,京山县在"三农"发展领域获得众多国家级、省级荣誉。省委、省政府实施农产品加工业"四个一批"工程建设的号角吹响以来,京山县积极谋划、主动作为,"四个一批"工程建设开展得如火如荼,连续四年被省委、省政府授予"全省农产品加工业'四个一批'工程建设先进县"称号。2013年,全县实现农产品加工产值337.4亿元,与农业产值比达到了4.2:1。今年1~6月,全县实现农产品加工产值181.9亿元,同比增长15.6%,预计全年可实现农产品加工产值400亿元。

建设大基地　竖起"四面旗"

京山县结合农产品加工业"四个一批"工程实施,着力建设农副产品加工大基地,形成了4个特色鲜明的产业,为农副产品加工业发展奠定了坚实基础。

围绕"湖北一袋米"工程,建设无公害优质稻生产基地。京山县委、县政府根据市场需求,发挥桥米品牌优势,坚持走优质稻产业化发展之路,通过政策促动、行政推动、龙头带动、市场拉动,优质稻产业呈现良好的发展态势,逐步显现较强的产业优势,全县无公害优质稻生产面积常年稳定在80万亩左右,其中,有机稻面积3.5万亩。

围绕"湖北一棵苗"、"湖北木本一壶油"工程,建设生态林业产业基地。近几年来,全县完成成片造林80多万亩,封山育林100万亩,全县森林覆盖率达到了45%以上。建设银杏、板栗干果基地面积20万亩,建设花卉苗木基地20万亩,开发建设油茶基地8万亩。

围绕"湖北一枚蛋"工程,建设规模化、标准化畜禽生产基地。按照"区域化、规模化、专业化、标准化"的发展思路,积极推进养殖方式改革,促进全县畜禽养殖向集约化、规模化、标准化养殖转变。全县标准化规模养殖小区总数达到65个,生猪规模化养殖量达到85%以上,家禽规模化养殖量达到95%以上;年出栏生猪120万头,出笼家禽1 800万只。

围绕"湖北一尾特色鱼"工程,建设生态健康水产养殖基地。全县水产人工养殖面积23.5万亩,其中,精养鱼面积7万亩,生态鳖、龟养殖面积3万亩,生态健康养殖面积12万亩。京山龟鳖养殖示范区先后获得农业部批准的"无公害中华草龟基地"、"无公害中华鳖养殖基地"认证,京山盛昌水产养殖专业合作社拥有国内最大的中华草龟良种繁育基地,也是农业部认定的"国家级乌龟原种场"。湖北京山老柳河甲鱼养殖专业合作社是华中地区规模最大的中华鳖养殖专业合作社,养殖基地面积达到1.35万亩。

舞动大龙头 兴起大产业

京山县围绕优质粮食、规模畜禽、生态林业、特色水产等产业,着力培植农产品加工大龙头,形成了一批辐射能力较强、具有一定市场竞争力的加工产业龙头。如以湖北国宝桥米有限公司、京和米业为龙头的桥米、富硒大米加工产业,以湖北神地农业科贸有限公司、鹏昌农产品为龙头的畜产品深加工产业,以绿林酒业为龙头的白酒加工产业,以清河油脂、佳润油脂为龙头的米糠油加工产业,以湖北地利奥为龙头的有机肥加工产业,以伟嘉纺织、祥发纺织为龙头的精纺棉加工产业,以汇澄茶油、华贝油脂为龙头的油料加工产业,以江花食品、富水蔬菜为龙头的蔬菜加工产业,以永兴食品为龙头的鲜活农产品加工企业,以华尔靓服装为龙头的制衣产业等。

2013年底,全县在工商部门注册的各类农产品加工企业达到435家,其中,纳入县经济主管部门调度的规模企业116家,亿元企业78家,新增7家,市级以上农业产业化重点龙头企业57家,新增5家,其中,农业产业化国家重点农头企业2家(湖北国宝桥米有限公司、湖北神地农业科贸有限公司)、省级龙头企业15家、市级龙头企业40家。总体来讲,全县农产品加工企业实现了由小到大、由少到多、由慢到快、由弱到强的转变。

建设大园区　推动大发展

园区是优化产业布局、培育企业集群、促进产业升级的重要载体。京山县紧紧抓住省委、省政府实施农产品加工"四个一批"工程的机遇，着力推进农产品加工园区建设，规划以京山经济开发区为核心，以京山经济开发区宋河、钱场工业园为两翼的"一主两副"园区建设格局。目前，园区建成面积已达到 $15.4 km^2$。为推进园区建设，京山县出台了一系列优惠政策进行支持：对涉及农产品加工基地建设、支持企业发展等方面的各项财政资金，县委、县政府按照统一规划、集中使用、性质不变、渠道不乱、各负其责、各记其功的原则进行整合，充分发挥资金的聚集效应。如深加工企业贴息项目、粮油大县奖励项目、畜禽养殖项目、农业综合开发多种经营项目、低产林改造项目、低丘岗地改造等项目、国土整理项目、水利项目等，对农产品加工业发展给予大力支持。在税收政策、金融支持政策、用地政策等方面，对农产品加工业给予重点支持。对投资农产品加工业的项目，政府政务服务中心提供快捷、优质的"一条龙"服务。严肃查处对企业的乱收费、乱罚款、乱摊派等行为，为农产品加工企业营造良好的生产、经营环境。通过政策激励和引导，目前，园区已入驻规模以上企业35家，形成了以大米、面粉、饲料、茶油、禽蛋深加工、饮料、白酒、制糖、纺织、服装等项目为主的产业园。2013年，京山县农产品加工园区被农业部授予"国家农业产业化示范基地"称号，园区全年农产品加工产值、主营业务收入均超过150亿元。

建设大品牌 提升附加值

近年来,京山县积极支持农产品加工企业大力实施精品名牌战略,进一步提升了京山农产品市场竞争力。全县共申报并有效使用"三品"品牌216个,其中,有机食品8个、绿色食品28个、无公害食品181个。通过ISO9000系列认证58个,通过HACCP体系认证37个。"京山桥米"、"仁和白花菜"先后被国家质监总局批准使用"中国地理标志保护产品",国宝牌大米2007年被评为"中国名牌",还有7个产品被评为"湖北名牌"、11个被评为"湖北著名商标"。大米、茶叶等一批产品先后在中国国际农产品博览会、中国绿色食品博览会、中南六省农产品博览会等全国性会展上获金银奖项60多个,有效地扩大了京山农产品的影响力。湖北国宝桥米有限公司、湖北神地农业科贸有限公司等一批重点企业注重科技投入,分别成立了院士工作站,并与中国农业大学、华中科技大学、华中农业大学、武汉大学等一批全国知名学府建立了固定的合作关系,常年开展校企合作,提升了企业科技创新能力和科技成果转化水平。

第六章 农业清洁生产技术

第一节 清洁生产概述

一、清洁生产的概念

清洁生产（clean production），是指从经济生态系统的整体优化出发，对物质转化的全过程不断采取战略性综合预防措施，提高物料和能源的利用率，减少废物的产生和排放，降低生产活动对资源的过度使用以及对人类和环境造成的风险，实现可持续发展。清洁生产定义下的基本要素，如图6-1所示。

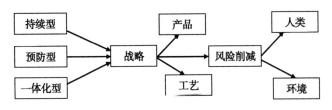

图6-1 清洁生产的基本要素

二、清洁生产的意义

实行清洁生产是可持续发展战略的要求，关键是要求工业生产提高能效，开发更清洁的技术，更新、替代对环境有害的产品和原材料，实现环境和资源的保护与有效管理。

清洁生产是控制环境污染的有效手段，它彻底改变了过去被动的、滞后的污染控制手段，强调在污染产生之前就予以削减。国内外实践证明，清洁生产具有高效率，可获得显著的经济效益和生态效益，可大大降低末端处理负担，提高企业市场竞争力。

三、清洁生产的内容

清洁生产包括清洁能源、清洁生产过程和清洁产品3方面内容。

1. 清洁能源

包括常规能源的清洁利用、可再生能源的利用以及各种节能技术的开发等。

（1）常规能源的清洁利用。常规能源的清洁利用即提高能源利用效率，减少能源在开采、加工转换、储运和终端利用过程中的损失和浪费。例如，洁净煤生产，既减少了环境污染，又提高了煤炭的利用效率。

（2）可再生能源利用。可再生能源，即连续性能源，利用后不会耗竭，可反复利用。为了达到能源的持续利用，应调整能源消费结构，从不可再生的耗竭性能源转向可再生能源，最大限度地节约能源，减少能耗。依靠科技，加大太阳能、生物能、风能等新能源的开发利用。

（3）节能。节能是指在能源利用全过程的各个环节，通过采取一切合理的措施减少能源的损失和浪费，并在现有技术条件下回收那些可回收利用的能源。采取管理和技术的手段，加强能源管理，调整优化产业结构和产品结构，依靠技术进步，采用新工艺、新设备和新技术，达到节能的目的。

2. 清洁生产过程

尽量少用、不用有毒有害的原料/中间产品；减少或消除生产过程中的各种危险因素；采用高效率设备和无（少）废工艺；进行简洁、可靠的操作和控制；回收再利用物料/中间产品；改善企业管理等。清洁生产过程，如图6-2所示。

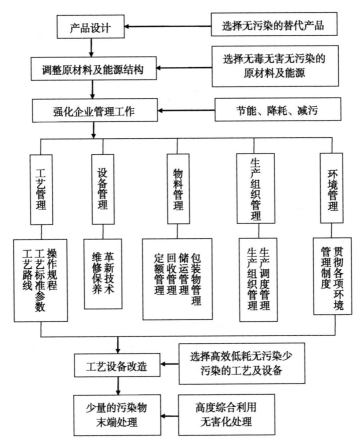

图6-2 清洁生产过程示意图

3. 清洁产品

清洁产品是指在生产、使用过程中及使用后不会危害人体健康和生态环境；易于回收、复用和再生；合理包装；合理的使用功能和使用寿命；产品报废后易处理、易降解等。

开发清洁产品,对产品进行全新设计,对推动清洁生产具有显著的推动作用。目前,低消耗、低污染的绿色产品受到越来越多的消费者青睐,其市场竞争力和吸引力稳步提高,发展前景广阔。

第二节 农业化学品对农业生产环境的影响

一、农药对农业生产环境的影响

农药对大气、土壤和水体的污染,对环境质量的影响与破坏,尤其是地下水污染问题已引起广泛重视;农药污染的生态效应十分深远,尤其是对生物多样性保护的影响;农药对人体健康的危害,尤其对三致作用(致突变、致癌、致畸)和对生殖性能的影响等。

(一)农药对土壤、水和大气的污染

1. 农药对土壤的污染

农业生产中直接向土壤使用的农药;农药生产、加工企业废气排放和农业上采用喷粉喷雾时,粗雾粒或大粉粒降落到土壤上;被污染植物残体分解以及随灌溉水或降水降落到土壤上;农药生产、加工企业废水、废渣向土壤直接排放以及农药运输过程中事故泄露等。

土壤是农药在环境中的"贮藏库"与"集散地",施入农田的农药大部分残留于土壤环境介质中。

农药残留分解消失一半所需的时间称为农药的田间残留半衰期。农药的田间残留半衰期是农药在土壤中稳定性与持久性的重要标志。是评价农药药效与对环境污染的重要参数。

2. 农药对水体的污染

(1)水体农药污染的途径。①直接向水体施药;②农田施用的农药随雨水或灌溉水向水体的迁移；③农药生产、加工企业废水的排放；④大气中的残留农药随降雨进入水体；⑤农药使用过程中，雾滴或粉尘微粒随风飘移沉降进入水体以及施药工具和器械的清洗等。

（2）水体中农药的迁移、降解。地表水体中的残留农药，可发生挥发、迁移、光解、水解、水生生物代谢、吸收、富集和被水域底泥吸附等一系列物理化学过程。地表水体中残留的农药，除发生水解作用外，还可通过光解、向大气层中挥发、底泥吸附、被水生生物吸收、富集、代谢以及向水域其他地区迁移等一系列转化过程而逐渐消失，因而自然地表水体中农药的消失速率比实验室测定的农药水解速率要快得多。

3. 农药对大气的污染

（1）农药对大气污染的途径。大气中农药污染的途径主要来源于：①地面或飞机喷雾或喷粉施药；②农药生产、加工企业废气直接排放；③残留农药的挥发等。

（2）大气中的残留农药的迁移、降解。大气中的残留农药，主要通过大气传带的方式向高层或其他地区迁移，从而使农药对大气的污染范围不断扩大。大气中的残留农药，在大气、水和太阳光线的作用下可发生水解和光解反应而逐渐降解消失，光解是大气中残留农药降解的一个重要途径。

（二）农药对生物体的影响与危害

1. 农药对生物体的危害

（1）农药对人体的危害。

①对酶系的影响。

②组织病理改变。

③三致作用：致癌、致畸、致突变。

（2）农药对水生生物的危害。

（3）农药对陆生生物的危害。

2. 农药对生物多样性的影响

通俗地说，生物多样性是生态系统及其包含的全部生物（动物、植物、微生物）有机结合在一起的总称。农药作为外来物质进入生态系统，可能改变生态系统的结构和功能，影响生物多样性（包括靶标和非靶标生物群），这些变化和影响可能是可逆的或不可逆的。农药施用后残留在大气、土壤、水域及动植物体内，通过食物链生物浓缩，对动物乃至人体产生危害。农药在消灭有害生物的同时，杀害了天敌和其他有益生物，使基因和物种的多样性受到损害，破坏了生态平衡。农药诱发害虫产生抗药性，引起害虫再猖獗，使一些次要害虫上升为主要害虫。

二、化肥对农业生产环境的影响

我国氮素化肥的平均利用率为35%。作物没有吸收利用的氮素一部分贮存于土壤中被土壤吸附，一部分以气态形式损失，造成大气污染；另一部分氮素或通过地表径流、农田排水进入地表水体，和水中的累计磷一起造成水体富营养化，或以硝态氮的形式进入地下水，造成硝酸盐污染等。

（一）化肥施用对土壤的污染

（1）肥料中重金属对土壤的污染。因施磷肥而引起土壤中铬、铅、砷的较快积累。

（2）有机副成分的污染。硫氰酸盐、磺胺酸、缩二脲、三氯乙醛以及多环芳烃，它们对种子、幼苗或者土壤微生物有毒害作用。

（3）放射性污染。主要存在于磷肥和钾肥中。

（4）土壤理化性质的改变。

（5）化肥也会对土壤中微生物和植物病虫害产生影响。

(二) 化肥施用对水体的污染

1. 施肥与地面水体富营养化

湖泊富营养化最根本的原因是过量的氮、磷营养盐向封闭和滞流性水体的迁移，其来源不外乎工业废水、生活污水、农田径流和水产养殖投入的饵料以及干、湿沉降等。近年的研究业已证明，农业非点源污染物质的排放，是水污染尤其是水质富营养化的主要原因之一。因此，目前世界上不少国家和地区已经把控制农业非点源污染作为水质管理的必要组成部分。

2. 施肥与水体硝酸盐污染

地下水 NO_3^- 浓度的增加，引起欧美国家的注意。已经证实，饮用水和食品中过量的硝酸盐会导致高铁血红蛋白症。婴儿胃的血液成分比成年人更利于生成正铁血红蛋白，患正铁血红蛋白症的危险性更大。此外，硝酸盐进入人体后被还原成亚硝酸盐，可有致癌的危险，多种资料都表明了这一点。国内外的许多研究结果表明，地面水和地下水硝态氮浓度的增加，都与农田氮肥施用量的增加有关。

(三) 化肥施用对大气的污染

化肥对大气环境的影响主要集中在氮肥上，氮肥的气态损失主要包括氨挥发和硝化、反硝化作用等途径，二者具有一定的互补性。

三、塑料农膜对农业生产环境的影响

塑料棚膜易回收，农膜污染的主要来源是塑料地膜。在收获植物后，使用过的塑料地膜应该及时捡拾清除，否则，留在农田里会造成农田的污染。少量的残留塑料地膜虽不至于对作物生长造成危害，但是，其留在农田中，或随风飞扬，也会造成视觉污染。有的残膜如被牲畜误食，严重时会造成牲畜死亡。

随着地膜栽培年数的增加，一些耕地土壤中日积月累的残膜逐渐形成了阻隔层，影响作物根系的生长发育和对水肥的吸收，使农作物减产。大量的残膜缠于犁齿也妨碍农田的机耕作业，使地犁不深，耕地逐年板结，残留塑料。

(一)"白色污染"的状况

塑料棚膜比较容易回收，因此，造成塑料农膜污染的主要来源是塑料地膜。在收获植物后，使用过的塑料地膜应该及时捡拾清除，否则留在农田里会造成农田的污染。少量的残留塑料地膜虽不至于对作物生长造成危害，但是，其留在农田中，或随风飞扬，也会造成视觉污染。有的残膜如被牲畜误食，严重时会造成牲畜死亡。大量塑料地膜残留农田的现象被人们称为"白色污染"。

造成塑料地膜"白色污染"的原因有：塑料地膜厚度过薄，难于清除或使用后未及时加以清除等。国际上塑料地膜厚度通常不小于0.012mm，我国国家标准规定塑料地膜的厚度不应小于0.008mm，但是，目前，一些生产企业为满足农民降低农业投入成本的要求，在生产中降低塑料地膜的厚度，因此，市面上有不少塑料地膜的厚度只有0.005mm，甚至更薄。这种超薄塑料地膜强度低，易破碎，在使用后难于捡拾回收。另外，一些地区由于劳动力紧张，在植物收获后也不进行捡拾，使残留地膜在土壤中不断积累。有的地方虽然也进行捡拾清除，但是，捡回的塑料地膜因为没有较好的处理方法，或是在田边地头堆放，不再管理，或是就地焚烧，前者造成随风飞扬的景观污染，后者造成大气污染。

抽样调查结果表明，在被抽样调查的面积共250亩地中，残留塑料地膜为2.00~3.44kg/亩，残留塑料地膜占地膜总使用量的25%~40%。

据农业部组织的塑料地膜残留污染调查表明，污染较严重的地区有上海市、北京市、天津市、新疆维吾尔自治区、黑龙江省和湖北等，每公顷农田土壤中的残留塑料地膜量为 90~135kg，最严重的甚至达到每公顷 270kg。

(二)"白色污染"的危害

1. 残留塑料地膜对农田土壤物理性状的影响

水向土壤的渗透是水依靠自然的重力作用向土壤深层移动的结果。塑料地膜残片尺寸小于 $4cm^2$ 时，对土壤性能影响不大；当残膜尺寸超过 4cm 时，会对土壤性能产生影响，而且碎片尺寸越大，影响也越大，但是，对土壤的硬度影响不大。当然，考察地膜碎片影响时，也要同时结合残留量考虑。

另外，调查研究发现，农田中的残留塑料地膜大多集中在土壤耕作层和地表层，这样，更易阻碍土壤毛细管水的移动和降水的浸透。残膜阻隔土壤水分、养分和空气运行，结果造成减产。

2. 残留塑料地膜对作物产量的影响

据现场观察，花生减产的原因是残留塑料地膜对花生根系发育的抑制作用，花生须根少、根发育不好，引起生长失调。由残留塑料地膜对玉米、小麦、蔬菜的减产影响也十分显著。

第三节 农业清洁生产的对策与措施

一、国外农业清洁生产的相关措施

欧美等发达国家对农业环境质量和农产品安全非常重视，并较早实施法律保障体系保障农产品质量安全。自 20 世纪 70 年代起，美国、英国、德国、澳大利亚、日本等国学者在土壤、灌溉水、大气、生物等污染与农产品质量的关系进行了一系列研究，并同时分析了施肥、耕作等农业措施对农产品质量的影响，渐渐形成了一整套行之有效的农业清洁生产促进体系。美国着手实施农业清洁生产相对较早，其政策法规也相对比较完善。从法律法规到市场调节调控都有一套完善合理的体系。早在20世纪70年代就提出了HACCP（风险分析与关键控制点）体系，随后在生产领域推行了GMP（良好操作规范）模式，都把产地污染作为控制的重点对象，使食品质量风险降低到最低程度。另外，他们加强了对产地环境污染与农产品质量的监测，对化肥、农药等农用化学品的使用作了严格的限制，并且将主要农产品的销售、用途等均与产地环境密切挂钩，保证其达到所要求的品质。发展以研究温室气体排放为主的项目包括"农业星项目"和"反刍牲畜有效利用项目"以及针对水源污染防控的《净水行动计划》等，形成了比较完整的指导农业和农村发展的政策，从而促进了农业产生的良性发展。欧洲国家农业清洁生产体系也很完善。在对农民的政策性补偿上。例如，德国以及其他一些欧盟国家都对从事有机农业的农民进行补贴，而且如果参与清洁生产项目还可以得到另外补偿。这很大程度上刺激了农民推行清洁生产的积极性。在立法方面，也并不缺乏。在德国从事农业生产的农民必须了解六部法律：《垃圾管理条例》《饮用水条例》《土地资源保护法》《自然资源保护法》《肥料使用法》《种子和物种保护法》。从事清洁农业生产的农民还必须了解第七部法律，即《植保法》。

欧盟委员会2000年底发表了《食物质量安全白皮书》，主要涉及食品安全，为农业清洁生产建立了法律基础。2002年1月28日欧盟新食品法正式生效，即欧洲议会与理事会178/2002法规。该法的核心是将食品安全管理明确放大到食物链的全过程，覆盖所有的生产与经营环节。"农场到餐桌"的理念由欧洲人最早提出并在该法中得到明确体现。至此，欧洲国家农业清洁生产有了可操作的法律保障。通过欧洲国家立法之翔实可见欧洲国家对清洁生产的重视程度。

第六章　农业清洁生产技术

亚洲发达国家如日本、韩国也非常重视农业的清洁生产。由于地缘关系，他们的一些政策更有可借鉴之处。20世纪70年代，日本成立了非政府性质的日本有机农业协会（JOAA），使得消费与生产的关系发展成消费者与生产者之间的合作伙伴关系，为政府宣传，调整都提供了一个良好的平台。进而促进了日本的清洁农业。JOAA最大特点是可以通过整体协调来保障最广大农户的利益。农户将当年计划种植作物以及面积上报给JOAA，它通过统计全国各种农产品种植情况加以调整，避免因某种产品供应过剩或缺乏导致价格波动，进而保证了农民收入。同时，也对被调整种植品种的农户给予一定补偿，由于农民的配合，也就保证了JOAA政策的顺利实施。韩国在这方面与日本类似，也都有统一的组织机构，即农业合作社，虽受政府领导，但有很大自由性。而在中国虽然也有类似民间机构，但由于机制不健全等因素导致其不能对农产品种植进行有效调控。另外，在立法方面日本也启用了一些操作性很强的法律条文保障农业清洁生产的推广实施。如《农业用地土壤污染防治法》《恶臭防治法》《家畜传染病预防实施细则》等。特别是2006年5月29日日本正式启动"食品中残留农业化学品肯定列表制度"其标准之严格令许多日本农户不得不采取清洁生产。另外，在市场方面，两国都对通过清洁生产得到的产品给予优待，实施保护价格交易。保障了农户的收益。除此之外，日韩两国政府还采取财政补贴和银行贷款方式鼓励农户购置农用器械，从资金方面支持农业清洁生产。

二、我国农业清洁生产的相关措施

1. 完善农业法规政策保障农业清洁生产

由于中国引进"农业清洁生产"这一概念比较晚，受传统的思想观念束缚较深，立法的模式和指导思想不能完全适应执法的现实要求，1993年中国首次提出并推行清洁生产，从而中国迈出探寻"农业清洁生产"的第一步；1996年国务院颁布的《关于环境保护若干问题的决定》；1997年国家环保总局发布的《关于推广清洁生产的若干意见》；2002年第九届全国人民代表大会通过了《中华人民共和国清洁生产促进法》至此，"清洁生产"引起了政府部门及全社会的广泛重视，并在中国开始具有法律效力。由于在推行清洁生产中存在着偏向工业治理的趋势以及农业清洁生产的交叉性特点，造成农业局、环保局、土地局、质检局、工商局等各部门的行政权限不够或者工作中的相互推诿从而在客观上造成了中国农业环境不断恶化、水资源污染严重、土地退化加剧等现象。当前，全国有22个省（区、市）颁布《实施农业环境保护条例》，23个省（区、市）出台了《无公害农产品管理办法》，近200个县颁布了《农业环境管理办法》，农业部组织制定的《外来物种管理条例》和《农业清洁生产管理条例》也已经进入征求意见阶段，2002年出台的《农业清洁生产促进法》在农业生产领域虽然只有一条原则性规定，但却是中国第一次以法律形式对农业清洁生产做出明确规范，由于强制性、处罚性规范的缺失，使得生产经营者很难自觉将清洁生产的技术措施主动应用到生产过程之中执法就缺少力度，因此，实现农业的清洁生产必须完善法律条款，建立起分工明确、统一协调的管理体制，进一步细化《农业环境保护法》，完善农业产地环境和农产品质量标准，制定农药、化肥、农膜等使用技术规定，并强化实施和监督的力度。在明确农业部门作为农业清洁生产的组织、协调部门的同时，也需要在立法中明确相关部门在推行农业清洁生产中的职责将清洁生产管理责任目标化、量化，纳入政绩考核项目和"绿色GDP"计算范围，避免在具体工作中互相推诿。

　　从外国的先进经验可以得出，要使农业清洁产生顺畅执行除了要有相关法律作为保障外，还应有相关国家政策的策应。一方面，要体现出法律的约束力；另一方面，也要通过政策调动农民实施的积极性。可以就近学习借鉴日韩等国先进经验。首先要进一步完善市场统计体系，建立相应具有真正意义的农业协会，科学分配各种农产品种植面积比例，对需要调整的部分给予农民合理的补贴。第二，应加大政策上对于农业科研的支持力度，在信贷方面给予充分支持，无论是美国、日本、韩国还是欧洲发达国家，其农业清洁生产的成功都离不开完善可行的农业贷款体系，为农户提供清洁生产的资金基础。而中国农村信用体系虽已建立多年，但是由于一些历史原因并不能为农户很方便的提供资金支持。最后还应该注重农产品品质品牌的建立和推广，使通过农业清洁生产得到的产品具有更高的价值。这样才能本质上带动农民施行农业清洁生产的积极性。中国农业清洁生产模式之所以不能大范围开展实施，很大一部分因素是由于法律体系未能给予良好支撑。因此，在中国的农业清洁生产上必须加强法律力度；完善法规内容，加强政府的扶植和约束力；明确执法部门职责。使农业清洁生产做到有法可依、有章可循。

2. 建立农业清洁生产评价体系

农产品的质量安全已严重制约了中国农产品的出口。美、德、日、法等50多个国家和地区建立了"绿色环境标志"（被认为是绿色壁垒的表现形式之一），不但要求农产品本身质量安全，而且要求其生产过程对环境无害。预防和控制农业自身产生的污染，生产优质安全农产品，实现农业的可持续发展，已经变得十分重要。目前，中国各地农业生产条例中对肥料的配方以及金属污染残留并没有硬性规定，导致人们无法辨别什么样的肥料才是清洁生产用肥；同样，清洁生产提倡环保地膜，但是，对于具体评价标准以及评价方法的确定还处空白。中国现行农业清洁生产的目标是生产无公害农产品，因此，建议借鉴绿色食品标准对其加以约束。结合具体的清洁生产实践对清洁生产的定量评价体系进行探讨，提出了包括资源指标、污染物产生指标、环境经济效益指标、产品清洁指标的企业清洁生产评价指标体系和指标值，进行了定量分析与评价。具体可以参照《工业清洁生产评价指标体系编制》并结合当今欧洲美国相关法律加以借鉴。

3. 加强农业清洁生产的宣传

一方面要向农民进行环境保护知识、生态知识及农业可持续发展知识的普及宣传工作，通过宣传，使他们认识到环境保护的重要性及农业环境污染的危害性，增强公众对农业清洁生产的认识和了解，使他们清楚地认识到农业清洁生产巨大的环境效益和经济效益。另一方面要向他们讲授科学种田的方式，在清洁生产的同时，减少投入成本，增加经济效益提高农民生产的积极性。农业环境的污染大部分是由于农药化肥使用不当导致，因此，推行农业清洁生产必须要解决农药化肥的科学使用问题：首先要帮助农民改善农田基本建设，增强农田的蓄水保肥能力，向农民宣传科学配方施肥，积极施用高氨基酸有机无机复合肥；推广有机无机复混肥；配施酵母素等肥药兼用剂、强调肥料深施做到按合理的剂量施用。其次要提倡农民使用农家肥。农民把粪便、秸秆充分腐熟后施用这样既变废为宝改善了土壤的肥力，也避免了粪便、焚烧秸秆对环境的污染。另外，在农药的使用上，应避免如呋喃丹、氧化乐果、甲胺磷、对硫磷等对人体有高毒性，可使土地发生板结，破坏地下水资源的农药的使用；减少塑料薄膜等白色垃圾的使用，大力宣传适时揭膜技术，鼓励农民采用厚度合适的地膜以确保地膜的重复利用。还应推广使用易分解的可降解地膜的普及。从而达到绿色、高效生产的目的，此外，在使用农药、化肥、农膜时还应体现精准农业思想，适量施用，减少浪费。农业清洁生产是一种可持续农业的发展模式，应该贯穿于农业生产的全过程。

4. 注重新型农用化学产品开发

在农用化学产品开发中主要是降低农用化学品中对人体、水源及土地的危害性化学物质的含量，选择具有同等化学作用的化学物质尽量实现农业生产的无公害性。如开发使植物能产生免疫诱导机制的新农药，植物抗毒素类杀菌剂以及生物源农药。在肥料使用方面，加大生物肥料开发加大生物肥和普通化肥的结合使用，如在水稻种植中使用 PGPR（植物根圈促生细菌）促生菌肥比单施氮、磷、钾化肥效果要好。在大豆有机肥试验中，二铵与颗粒生物磷钾的复合肥产量明显高于传统肥。有研究指出，有机磷细菌在代谢过程中产生各种酶类，通过这些酶的作用可使有机磷化合物分解成植物可以吸收利用的可溶性磷，这些生物肥料都可以针对不同耕作环境加以推广。另外，还可以大力发展农药肥力缓释技术，配合作物生长释放肥力。如根瘤菌和光合细菌混合接种豆科植物能够提高大豆根瘤的固氮酶活性和土壤固氮强度，并能在一定程度上减轻大豆胞囊线虫的危害。在农药方面，应提倡使用高效、低毒、安全、无残留、无公害，对人、畜禽、作物和环境均无害的新型生物农药。如采用基因工程技术构建的 Bt 农药具有毒性高，杀虫广谱等特点，目前，在中国已开始生产并投入使用。另外，一些真菌的应用也为害虫防治开辟了新的思路，已经获得农药三证的品种有井岗霉素、公主岭霉素、春雷霉素、农抗120抗真菌素、农抗5102、农抗75-1、武夷菌素。其中，井岗霉素已经得到广泛应用。利用塑料地膜栽培技术是广泛应用的农业技术之一，但由于塑料地膜在自然环境中难以分解，散落在土壤和自然环境中，破坏了土壤结构，造成对土壤和环境的白色污染。应多提倡使用可降解地膜即为光降解地膜、生物降解地膜、光—生物降解地膜等。总之，要加强农业清洁生产，应加大科技力量的投入和推广。

5. 积极推进农业的产业化经营

实现农业的清洁生产必须充分调动起农民生产的积极性,而农民的增收是推动农业清洁生产的内在动力。因此,必须以经济为杠杆,带动农业清洁生产这一生态效益、社会效益与经济效益并重的新型农业,而实现农业的产业化经营是农民增产的必要途径。农业产业化的本质是生产的专业化、布局的区域化、经营的一体化、服务的社会化、管理的企业化,并通过实现产供销一条龙使市场形成对农业生产的带动,提高农民直接参与市场活动的积极性,带动区域专业化生产,扩大生产规模,形成产业优。从而形成地区特色产业,树立地区农业品牌,世界市场是各国农业国际竞争力较量的战场,只有生产出具有国际竞争力的农产品才能从根本上解除世界贸易组织对中国农产品"绿色堡垒"的囚禁,使中国的农业生产在国际国内市场上站稳脚跟,求得生存和发展。为了杜绝市场上的劣质农产品冒充绿色农产品扰乱市场的行为,保障农民的根本利益促进农民生产的积极性,中国的法律政策必须加强其监督和处罚体系加大对中国必须建立完善的原产地标志制度,对绿色产地的农产品进行品牌保护政策,并通过完善的检测和举报机制等,确保清洁生产的农产品与普通农产品的区别。

第四节　农业清洁生产的关键技术

随着农业生产水平的提高,化肥、农药等农资大量施用,导致有机肥的施用量也不断减少,给农业环境带来许多负面效应:土壤理化性状失衡,水质恶化,农田大气质量下降、农村环境不断恶化。农业清洁生产是有力遏制农业生态环境恶化并改善农村生态环境的有效途径,是实现农业和农村可持续发展的有力保证。以下介绍几种农业清洁生产的技术。

第六章 农业清洁生产技术

一、以沼气技术为纽带的农业清洁生产模式

此模式主要以农业废弃物（特别是畜禽粪便）的资源化利用为导向，通过大型沼气专业化生产，围绕"三沼"（沼气、沼液、沼渣）的综合利用延伸出来的产业生态链体系。沼气可以用以发电，或通过燃烧来取暖供热；沼渣可加工成各种专用有机肥，还可以开发成动植物生长的营养基质；沼液可用来生产各种专用液态有机药肥以供种植业的用，或制成态饲料供养殖业利用。是一种即低碳又环保的农业清洁生产方式。

此模式适用范围广，平原和丘陵山区均能适用，而且能适应北方冬季低温气候。

平均每亩效益7 000元，比传统的经营方式效益提高4~5倍。能消除畜禽养殖粪便对当地环境的污染，节约资源，使用该有机肥还能改良土壤。要求有一定规模（200亩左右）的种植业生产基地和2 000头左右生猪存栏量养殖规模，农民居住相对集中，以便沼气供热。

二、以腐生食物链为纽带的生态农业模式

此类模式的基本结构是"养殖业粪便+蚯蚓（蝇蛆）养殖+种植业"。即一般利用畜禽养殖业废弃物（辅以一定的作物秸秆）作为基质养殖蚯蚓，或直接用动物粪便养殖蝇蛆。蚯蚓和蝇蛆均为高蛋白饲料，可以用于养殖和养鱼的营养饵料。同时，养殖蚯蚓和蝇蛆后的剩余残渣是优良的有机肥，可用于大田农作物生产。

此模式需要作物秸秆，适用于有农作物种植的平原地区和丘陵地区，不适用于山区。

公司采用牛粪养殖蚯蚓模式，年消解牛粪1 800t，生产蚯蚓25t，有机无机复合肥1 000t，扣除成本，可获利25万元。养殖

场尽量选择远离村庄的地区,周围要有种植农作物的农田,以便提供农作物秸秆。奶牛养殖规模不少于 200 头,农田规模不少于 200 亩。

三、立体复合种养农业清洁生产模式

立体复合种养是在半人工或人工环境下模拟自然生态系统原理进行生产种植,它巧妙地组成农业生态系统的时空结构,建立立体种植和养殖业的格局,组成各种生物间共生互利的关系,合理利用空间资源,并采用物质和能量多层次转化手段,促使物质循环再生和能量的充分利用,同时,进行生物综合防治,少用农药,避免重金属等有害物质进入生态系统。通过高技术与劳动密集相结合的途径,使农业结构处于最优化状态,最终实现生态效益与经济效益的结合,发挥系统的整体性与功能整合性。具体模式主要包括农牧、农渔、林牧、农牧渔等。生态立体种养最大的特点就是在有限的空间范围内,人为地将不同种的作物及动物群体有机串联起来,形成一个循环链,最大限度地利用农业废弃物资源,减少污染物排放,降低生产成本,提高经济效益。

此模式适用于丘陵地区,山上可种植果树、茶叶等经济林。

四、林禽渔复合农业清洁生产模式

此模式的基本结构是"林果业 + 畜牧业 + 渔业"。通常是丘陵山区,在山坡地发展林果业或林草业,在林地或果园里建立畜禽养殖场,在山塘中发展水产养殖业,进而形成了"林、果、草生产单元—畜禽养殖单元—水产养殖单元"相互联系的立体生态农业体系。

五、生态健康养殖农业清洁生产模式

此模式将养殖废弃物生态净化安全回用、实现畜禽粪便原位

降解或生态回用的既生态环保又经济卫生的畜禽养殖方式,是农林部门根据省情探索实践出的生态农业新模式。

养殖废弃物生态净化安全回用是在规模化畜禽养殖过程中,实行雨污分流、干湿分离、粪便干物被送往畜禽粪便处理中心统一制作成有机肥,污水通过高效厌氧、好氧、生物滤池、生态湿地和消毒等生态生化处理工艺对养殖场废液进行 COD 削减和脱氮除磷处理,建立尾水冲洗圈舍回用系统,实现规模养殖场污水零排放;对没有采用发酵床养殖的小型畜禽养殖场则采用分散养殖、集中造肥的方式,统一将粪便送往畜禽粪便处理中心统一制作成有机肥,达到减少污染、保护环境的目的。

六、发酵床养殖畜禽清洁生产模式

发酵床养殖是在经过特殊设计的禽舍里,填入玉米秸秆、锯木屑、米糠和菌种等有机垫料,畜禽生活在这种垫料上,其排泄物被垫料中的微生物迅速降解,免去了冲洗圈舍等清洁程序,从源头上实现了养殖污染的减量化、无害化、资源化,不仅改善了养殖环境,增进了猪健康和畜产品安全,而且不需要额外占用土地来处理猪排泄物,消除了二次污染,达到污染物零排放。

七、农牧循环清洁生产模式

此模式的基本结构是"畜禽养殖业+种植业"。其基本做法是,将畜禽养殖产生的粪便和种植业产生的农业秸秆混合发酵,发酵后的残渣作为蘑菇培养基,种植蘑菇后的菇渣作为有机肥,种植蔬菜和果树。利用生态拦截的手段,彻底解决因传统厌氧发酵技术带来的二次污染问题,从根本上修复和改善生态环境,形成良好的生态循环,促进种、养殖业的有机结合和发展。该循环模式的建成既解决了养殖场固体废弃物对环境产生的次生污染,又解决了农村因焚烧秸秆带来的环境污染及其他安全隐患问题。

八、池塘养殖尾水生态净化循环利用清洁生产模式

根据循环经济理论，将养殖塘的进水系统和排水系统完全分开。进水系统采用 PVC 暗管或明渠供水。排水系统采用生态拦截型沟渠，养殖区内养殖池塘排放的养殖尾水排放到尾水净化池进行生态拦截。养殖尾水生态净化池总面积约养殖区占总面积的 10% 以上。尾水经过尾水净化池内水生植物（包括挺水植物、浮水植物和沉水植物）的净化，检测达标后，抽到养殖池塘循环利用。

九、农业废弃物循环利用农业清洁生产模式

此模式的核心技术是对废棉、棉籽壳、稻草、树枝及木屑等农业废弃物的三级循环利用。对农业秸秆进行处理，形成草菇生产基质。草菇营养丰富，味道鲜美，价值高，为高温型菇。利用其生长特点，有效利用秸秆中养分，能实现农业秸秆的一级利用。将草菇菌渣经高温高压灭菌处理后，接入姬菇、秀珍菇等菌种，利用草菇菌渣的养分生产二茬菇，实现农业秸秆的二级利用。二茬菇生产后的菌渣通过微生物肥料生产技术开发生产生物菌肥，或生产营养基质用于育苗或作物栽培，实现农业秸秆的三级利用。

十、农林牧复合农业清洁生产模式

此模式以养殖区的粪污处理为中心，通过沼气工程对畜禽粪污进行性厌氧发酵，产生沼气、沼液和沼渣，沼气用于养殖区、园区食堂、温室大棚等的照明和炊事；沼液一部分流经林间湿地和草地，通过水生植物的多级净化系统，最后到达农田，为林地和农田提供肥料，一部分直接用于水生饲料、食用菌和花卉肥料；沼渣用作林地、果园、花卉底肥。同时食用菌下脚料和饲草

也为畜禽生产提供饲料来源，农作物秸秆和树叶野草为畜禽生产提供了大量的垫草资源和丰富的粗饲料资源，并且草林果还能吸收和吸附养殖区产生的有害气体和尘埃，极大改善示范园区的气候，有利于园区的观光旅游。

【案例】

荔浦"清洁农业"跨入"生态农业"

生态农业在国内以成规模，其先进科学的管理技术和无污染的生长环境，使越来越多的农副机构乡镇转型至此。其中，荔浦县也加入到了生态农业的浪潮中，在2014年的一年中，使全县农业清洁技术覆盖面已达85%，荔浦种养业正向"生态农业"迈进。新年之初，我们在荔浦县花公式镇大江河流域2 000多亩马蹄生态农业实验区，白天见到的是采挖马蹄农民一起一伏的身影，夜晚看到的是振频式灭虫灯时隐时现的闪烁，田野上过去常见的农药废瓶、塑料袋等垃圾早已荡然无存……如今，当地所有农资废品全部集中处理，积极响应"生态农业"的号召。

近两年来，荔浦县把发展绿色农业与建设清洁乡村、生态乡村有机统一在一起，县财政支持清洁农业、生态农业发展。设立1 000万元专项基金，对获得绿色食品认证、无公害农产品认证的企业每个奖励1万元；对获得中国名牌农产品、广西壮族自治区（以下称广西）优质农产品称号的每个奖励5万元。目前，全县获得无公害农产品认证的农产品有荔浦芋、马蹄、夏橙等13个，认定无公害农产品基地超过17万亩。全县建立万亩砂糖橘、千亩荔浦芋、千亩马蹄等各类农业示范基地和标准园268个，总面积超过10万亩。由此可见，荔浦县也是由清洁农业转型生态农业的成功案例。

第七章　生态环境恢复与治理技术

第一节　土壤污染区的恢复与治理技术

随着全球经济的快速发展，有毒有害污染物通过各种途径进入土壤，持久性有机污染物的危害开始显现，土壤污染面积扩大。土壤污染不但影响农产品产量与品质，而且涉及大气和水环境质量，并可通过食物链危害动物和人类的健康，影响环境安全和社会稳定。土壤污染一旦发生，只是依靠切断污染源的方法则难以恢复，而其他治理技术见效较慢，有时甚至需要换土、淋洗土壤等方法才能解决问题。因此，治理污染土壤通常成本较高、治理周期较长。鉴于土壤污染难于治理，而土壤污染问题的产生又具有明显的隐蔽性和滞后性等特点，因此，社会各界应更加重视土壤污染问题，健全土壤环境监督管理体系，加大土壤污染防治的资金投入，增强全社会土壤污染防治意识，并进一步寻求适合于我国的土壤污染修复技术。

当今主要是施用化学改良剂，采取生物改良措施，来增加土壤环境容量，增强土壤净化能力，解决土壤污染的问题。所以，我国应加大力度开展生物修复技术研究，推进生物技术在土壤污染治理中的应用，并将通过生物高科技的发展带动整个环保科技的发展，解决我国目前和未来面临的严峻的环境保护问题，对我国环境保护和社会经济发展具有重大意义。

一、我国土壤污染现状与危害

据统计,截至20世纪末,我国受污染的耕地面积达2 000多万hm^2,约占耕地总面积的1/5。有机污染物污染农田达3 600万hm^2,主要农产品的农药残留超标率高达16%~20%。污水灌溉污染耕地216.7万hm^2,固体废弃物堆存占地和毁田13.3万hm^2。每年因土壤污染减产粮食超过1 000万t。

目前,我国土壤污染总体形势严峻,部分地区土壤污染严重,在重污染企业或工业密集区、工矿开采区及周边地区、城市和城郊地区出现了土壤重污染区和高风险区。土壤污染类型多样,呈现出新老污染物并存、无机有机复合污染的局面。土壤污染途径多,原因复杂,控制难度大。

土壤污染不但导致直接的经济损失,还使生物产品品质下降。土壤污染物在植物体内积累,并通过食物链富集到人体和动物体中,危害健康,引发癌症和其他疾病。同时,土壤污染还会导致其他环境问题。土壤受到污染后,含重金属浓度较高的污染土容易在风力和水力作用下分别进入到大气和水体中,导致大气污染、地表水污染、地下水污染和生态系统退化等其他次生生态环境问题。现在,由土壤污染引发的农产品质量安全问题和群体性事件逐年增多,成为影响群众身体健康和社会稳定的重要因素。

二、我国土壤污染类型

我国土壤污染物的种类繁多,其来源也十分复杂。根据污染土壤中污染物的来源可分为以下4类。

(1)化学污染物:包括无机污染物和有机污染物。前者是如汞、镉、铅、砷等重金属和过量的氮、磷植物营养元素以及氧化物和硫化物等污染物;后者是如各种化学农药、石油及其裂解产物和其他各类有机合成产物等污染。

（2）物理污染物：指来自工厂、矿山的固体废弃物如尾矿、废石、粉煤灰和工业垃圾等。

（3）生物污染物：指带有各种病菌的城市垃圾和由卫生设施（包括医院）排出的废水、废物以及厩肥等。

（4）放射性污染物：主要存在于核废料、核原料开采和大气层核爆地区，以锶和铯等在土壤中生存期长的放射性元素为主。

我国的土壤污染仍以重金属污染为主。据估计，中国90%左右被污染的土壤都与重金属有关。

我国于2007年正式启动了全国土壤污染普查，并建立了全国土壤数据库。这是我国首次针对土壤污染的全国性普查，普查结果尚在汇总。目前，重金属污染防治已列入国家"十二五"规划，是国务院正式经批复和颁布实施的第一个"十二五"规划。

三、造成土壤污染的原因

土壤污染物主要来自工业和城市废水、固体废弃物、农药和化肥、牲畜排泄物、生物残体以及大气沉降物等。所以，造成土壤污染的主要原因是化肥的不合理使用、农药使用量增大、污水灌溉和工农业废弃物在土壤中随便摆放填埋，同时，重金属以及其他有机污染和无机污染，以不同形式污染土壤。现被污染的耕作土壤已成为目前影响农村生态环境质量、农产品质量安全的重要污染源，因此，必须加强治理。

四、我国土壤污染的防治措施

防治土壤污染，必须贯彻"预防为主"的方针。而控制和消除土壤污染源，是防治污染的根本措施。控制进入土壤中的污染物的数量和速度，使其在土壤中缓慢自然降解，而不致大量积

第七章 生态环境恢复与治理技术

累造成土壤污染。控制和消除土壤污染源的措施如下：

（1）控制和消除工业"三废"（废水、废气、废渣）的排放，加强综合治理。

（2）控制化学农药和化肥的使用，积极研制低毒、低残留的高效农药新品种。

（3）加强粪便、垃圾和生活污水的无害化处理。

（4）加强污水灌溉区的监测、管理与控制等。

而土壤修复技术主要是指利用物理、化学和生物的方法通过转移、吸收、降解和转化等方式使土壤中的污染物的浓度降低到可接受水平，或将有毒有害的污染物转化为无害的物质。污染土壤按修复场地可分为原位修复和异位修复；按工艺原理可分为物理修复、化学修复、生物修复等，主要技术原理包括：

（1）改变污染物在土壤中的存在形态或同土壤的结合方式，降低其在环境中的可迁移性与生物可利用性。

（2）降低土壤中有害物质的浓度。采用物理或化学方法（如热处理法和化学浸出法）修复污染土壤，虽然可以产生一定的实效，但费用昂贵、容易造成二次污染，不适于大面积应用。生物修复是指在一定的条件下，利用土壤中的各种微生物、植物和其他生物，吸收、降解、转化和去除土壤环境中的有毒有害污染物，使污染物的浓度降低到可接受的水平，或将其转化为无毒无害的物质，恢复受污染生态系统的正常功能。

生物修复法近几年发展非常迅速，同传统的物理和化学方法相比，生物修复法具有成本低、效果好、不产生二次污染、可以削弱乃至消除环境污染物的毒性等优点，适于大面积土壤的修复，因而逐渐被人们所重视和广泛接受。根据机理的不同，生物修复主要可以分为3种类型：植物修复、动物修复和微生物修复。

当今修复土壤污染的方法主要是：向土壤中施用改良剂如石

灰、沸石、碳酸钙、磷酸盐、硅酸盐和促进还原作用的有机物质，从而加速有机物的分解，使重金属固定在土壤中，降低重金属在土壤及土壤植物体的迁移能力，使其转化成为难溶的化合物，减少农作物的吸收，以减轻土壤中重金属的毒害。例如，向土壤中投放硅酸盐钢渣，对镉、镍、锌离子具有吸附作用并在土壤中发生共沉淀。针对有机物污染，可用植物、细菌、真菌联合加速有机物降解。

而针对无机物污染如土壤中的重金属污染，可利用植物修复和微生物修复方法。植物修复方法主要是利用耐重金属植物或超累积植物降低重金属的活性，从而减少重金属被淋洗到地下水或通过空气扩散进一步污染环境的可能性。利用重金属超积累植物从土壤中吸取重金属污染物，随后收割地上部分并进行集中处理，连续种植该植物，达到降低或消除土壤重金属污染的目的。目前，已发现有700多种超积累重金属植物，积累铬、钴、镍、铜、铅的量一般在0.1%以上，锰、锌可达到1%以上。而微生物也可以吸附积累重金属，降低土壤中重金属的毒性。可以通过改变根际微生物的聚集，降低植物对重金属的吸收、挥发或固定效率。还有一些微生物，如动胶菌、蓝细菌、硫酸还原菌及某些藻类，能够产生胞外聚合物与重金属离子形成络合物，吸收和固定重金属的效果极其明显。

第二节　水土流失区的恢复与治理技术

水土流失在我国的危害已达到十分严重的程度，它不仅造成土地资源的破坏，导致农业生产环境恶化，生态平衡失调，水灾旱灾频繁，而且影响各业生产的发展。水土流失不仅破坏当地的生态环境和农业生产条件，造成群众生活贫困，而且为下游江河带来严重的洪水泥沙危害。被洪水淹没的地方，不论城镇和农村，人民的生命财产都遭受严重损失。

一、我国水土流失的状况

水土流失面积大、分布广，而且强度大、侵蚀重，再加上成因复杂，区域差异明显。泥沙淤积在湖泊、水库、河床，对整个国民经济建设造成的危害更是十分深远，在全国各省（区）不同程度地都存在这样的问题。我国是个多山国家，山地面积占国土面积的2/3，土地荒漠化、盐碱化面积也不断扩大。我国大部分地区属于季风气候，降水量集中，雨季降水量常达年降水量的60%～80%，且多暴雨。

水土流失、土壤盐渍化、沙化、贫瘠化、渍涝化以及自然生态失衡而引起的水旱灾害等，使耕地逐日退化而丧失生产能力。而其中水土流失尤为严重，乃是我国的又一个严重危机。

二、水土流失的影响因素

水土流失是不利的自然条件与人类不合理的经济活动互相交织作用产生的。不利的自然条件主要是：地面坡度陡峭，土体的性质松软易蚀，高强度暴雨，地面没有林草等植被覆盖；人类不合理的经济活动，诸如毁林毁草，陡坡开荒，草原上过度放牧，开矿、修路等生产建设破坏地表植被后不及时恢复，随意倾倒废土弃石等。水土流失是自然因素和人为因素共同作用的结果。

1. 自然因素

主要包括地形、地貌、气候、土壤、植被等，这些自然因素必须同时处于不利状态，水土流失才能发生与发展，其中任何一种因素处于有利状态，水土流失就可以减轻甚至制止。我国产生水土流失的地形地貌主要有3种：一是坡耕地。二是荒山荒坡，大片的荒山荒坡被裸露，坡陡，植被很差，特别是草皮一旦遭到破坏，侵蚀量将成倍增加。三是沟壑，有沟头前进、沟底下切和沟岸扩张3种形式。

2. 人为因素

主要是对自然资源的掠夺性开发利用，如乱砍滥伐、毁林开荒、顺坡耕作，草原超载过牧以及修路、开矿、采石、建厂、随意倾倒废土、矿渣等不合理的人类活动，这些不合理的人类活动可以使地形、降雨、土壤、植被等自然因素同时处于不利状态，从而产生或加剧水土流失，而合理的人类活动可以使这些自然因素中的一种或几种处于有利状态，从而减轻或制止水土流失。

三、水土流失的危害

水土流失破坏地面完整，降低土壤肥力，造成土地硬石化、沙化，影响农业生产，威胁城镇安全，加剧干旱等自然灾害的发生、发展，导致群众生活贫困，生产条件恶化，阻碍经济、社会的可持续发展。

1. 冲毁土地，破坏良田

由于暴雨径流冲刷，沟壑面积越来越大，坡面和耕地越来越小。

2. 土壤剥蚀，肥力减退

由于水土流失，耕作层中有机质得不到有效积累，土壤肥力下降，裸露坡地一经暴雨冲刷，就会使含腐殖质多的表层土壤流失，造成土壤肥力下降，据试验分析，当表层腐殖质含量为 2%~3% 时，如果流失土层 1cm，那么每年每平方千米的地上就要流失腐殖质 200t，同时带走 6~15t 氮，10~15t 磷、200~300t 钾。

此外，水土流失对土壤的物理、化学性质以及农业生态环境也带来一系列不利影响，它破坏土壤结构，造成耕地表层结皮，抑制了微生物活动，影响作物生长发育和有效供水，降低了作物产量和质量。

第七章 生态环境恢复与治理技术

3. 生态失调,旱涝灾害频繁

水土流失加剧,导致生态失调、旱涝灾害频繁发生且愈演愈烈。由于上游流域水土流失,汇入河道的泥沙量增大,当挟带泥沙的河水流经中、下游河床、水库、河道,流速降低时,泥沙就逐渐沉降淤泥,使得水库淤浅而减小容量,河道阻塞而缩短通航里程,严重影响水利工程和航运事业。

4. 淤积水库,堵塞河道

严重的水土流失,使大量泥沙下泄河道和渠道,导致水库被迫报废,成了大型淤地坝。

四、水土流失的防治措施

1. 减少坡面径流量,减缓径流速度,提高土壤吸水能力和坡面抗冲能力,并尽可能抬高侵蚀基准面

在采取防治措施时,应从地表径流形成地段开始,沿径流运动路线,因地制宜,步步设防治理,实行预防和治理相结合,以预防为主;治坡与治沟相结合,以治坡为主;工程措施与生物措施相结合,以生物措施为主,采取各种措施综合治理。充分发挥生态的自然修复能力,依靠科技进步,示范引导,实施分区防治战略,加强管理,突出保护,依靠深化改革,实行机制创新,加大行业监管力度,为经济社会的可持续发展创造良好的生态环境。

2. 强化造林治理

主要用于水土流失严重,面积集中,植被稀疏,无法采用封禁措施治理的侵蚀区,其治理技术要点是:适地、适树、营养袋育苗,整地施肥,高密度、多层次造林,争取快速成林、快速覆盖。对流失严重、坡度过陡,造林不易成功的陡坡地,要辅以培地埂,挖水平沟,修水平台地等工程强化措施。

3. 加强预防监督职能的发挥，依法防治水土流失

一是近年来，由于宣传力度不够，一些部门、企事业单位和个人对水土保持的重要性和紧迫性认识不足，尤其是水土保持的基本国策意识和法制观念不强。有法不依，执法不严现象普遍存在。《中华人民共和国水土保持法》明令规定"禁止在25°以上陡坡地开垦种植农作物"，并根据实际情况，逐步退耕、植树种草、恢复植被、或者修建梯田"，但这项规定目前还未真正得到落实；二是近年来，由于项目建设力度较大，但开发项目水保方案编报率低，"三权一方案三同时"制度贯彻不力。建议进一步健全与加强水土保持法制队伍，切实执行《中华人民共和国水土保持法》《中华人民共和国森林法》《中华人民共和国环境保护法》《中华人民共和国草原法》《中华人民共和国野生动物保护法》《中华人民共和国水法》等法律以及与生态环境保护相关的法规政策，依法打击各种破坏资源与环境的违法犯罪行为。各有关部门、企业在经济开发和项目建设时，要充分考虑对周围水土保持的影响，严格执行水土保持有关法律法规。严格控制在生态环境脆弱的地区开垦土地，坚决制止毁坏林地、草地以及污染水资源等造成新的水土流失发生的行为。

4. 处理好生态效益与社会经济效益的关系

水土流失治理与水土等自然资源的开发利用要相结合。只有强调减蚀减沙效益与经济效益相结合才能发动广大群众参与水土保持工作。但是，从水土流失地区可持续发展要求来看，除了必须把土壤侵蚀减小到允许的程度外，还需要建立流域允许产沙量的考核指标。在小流域治理的规划与成果验收中，要突出减蚀减沙等生态效益，并把它落到实处。不能只考虑人均粮食产量、人均收入、脱贫致富等社会经济指标。一定要把中央提出的生态环境建设"10年初见成效，30年大见成效"落实到不同类型区、不同流域的减蚀减沙指标上。

第七章 生态环境恢复与治理技术

5. 加强水土保持的科技投入,提高科学治理水平

实施科教兴水保的战略,提高水保科技含量,提高科学技术在水土保持治理开发中的贡献率,是达到高起点、高速度、高标准、高效益的有效途径,是加快实现由分散治理向规模治理、由防护型治理向开发型治理、由粗放型治理向集约型治理开发转变的重要措施。就目前情况看,科技投入少是一个突出的问题。全区水土保持工作站存在经费紧张、科技人员待遇低的现象,特别是水保人员,地处偏远,条件艰苦;设备落后,高新技术应用少,无力有效地开展示范推广工作。加强水土保持的科技投入和对水保人才的重视,是提高水土保持治理水平的关键。全区要在增加水保治理经费投入的同时,应加大对水保科研工作的资金投入,以支持科研推广工作的开展。

长期以来,人们只顾从自然生态系统中不断地掠夺索取资源发展经济,却忽视了经济与生态的协调发展,导致水土流失不断加剧,生态环境逐步退化。做好水土保持,可以涵养水土,保护植被、调节气候、净化环境、美化景观,保证生态系统各种生物链条的正常运转,实现生态系统的良性循环。

第三节 生态脆弱区的恢复与治理技术

我国是世界上生态脆弱区分布面积最大、脆弱生态类型最多、生态脆弱性表现最明显的国家之一。我国生态脆弱区大多位于生态过渡区和植被交错区,处于农牧、林牧、农林等复合交错带,是我国目前生态问题突出、经济相对落后和人民生活贫困区。同时,也是我国环境监管的薄弱地区。加强生态脆弱区保护,增强生态环境监管力度,促进生态脆弱区经济发展,有利于维护生态系统的完整性,实现人与自然的和谐发展。

生态脆弱区也称生态交错区,是指两种不同类型生态系统交界过渡区域。这些交界过渡区域生态环境条件与两个不同生态系统核心区域有明显的区别，是生态环境变化明显的区域，已成为生态保护的重要领域。

一、生态脆弱区的基本特征和空间分布

（一）生态脆弱区基本特征

（1）系统抗干扰能力弱。生态脆弱区生态系统结构稳定性较差，对环境变化反映相对敏感，容易受到外界的干扰发生退化演替，而且系统自我修复能力较弱，自然恢复时间较长。

（2）对全球气候变化敏感。生态脆弱区生态系统中，环境与生物因子均处于相变的临界状态，对全球气候变化反应灵敏。具体表现为气候持续干旱，植被旱生化现象明显，生物生产力下降，自然灾害频发等。

（3）时空波动性强。波动性是生态系统的自身不稳定性在时空尺度上的位移。在时间上表现为气候要素、生产力等在季节和年际间的变化；在空间上表现为系统生态界面的摆动或状态类型的变化。

（4）边缘效应显著。生态脆弱区具有生态交错带的基本特征，因处于不同生态系统之间的交接带或重合区，是物种相互渗透的群落过渡区和环境梯度变化明显区，具有显著的边缘效应。

（5）环境异质性高。生态脆弱区的边缘效应使区内气候、植被、景观等相互渗透，并发生梯度突变，导致环境异质性增大。具体表现为植被景观破碎化，群落结构复杂化，生态系统退化明显，水土流失加重等。

（二）生态脆弱区的空间分布

我国生态脆弱区主要分布在北方干旱半干旱区、南方丘陵区、西南山地区、青藏高原区及东部沿海水陆交接地区，行政区

域涉及黑龙江、内蒙古自治区（以下称内蒙古）、吉林、辽宁、河北、山西、陕西、宁夏回族自治区（以下称宁夏）、甘肃、青海、新疆维吾尔自治区（以下称新疆）、西藏自治区（以下称西藏）、四川、云南、贵州、广西、重庆、湖北、湖南、江西、安徽等21个省（自治区、直辖市）。主要类型包括：

1. 东北林草交错生态脆弱区

该区主要分布于大兴安岭山地和燕山山地森林外围与草原接壤的过渡区域，行政区域涉及内蒙古呼伦贝尔市、兴安盟、通辽市、赤峰市和河北省承德市、张家口市等部分县（旗、市、区）。生态环境脆弱性表现为：生态过渡带特征明显，群落结构复杂，环境异质性大，对外界反应敏感等。重要生态系统类型包括：北极泰加林、沙地樟子松林；疏林草甸、草甸草原、典型草原、疏林沙地、湿地、水体等。

2. 北方农牧交错生态脆弱区

该区主要分布于年降水量300~450mm、干燥度1.0~2.0北方干旱半干旱草原区，行政区域涉及蒙、吉、辽、冀、晋、陕、宁、甘等8个省。生态环境脆弱性表现为：气候干旱，水资源短缺，土壤结构疏松，植被覆盖度低，容易受风蚀、水蚀和人为活动的强烈影响。重要生态系统类型包括：典型草原、荒漠草原、疏林沙地、农田等。

3. 西北荒漠绿洲交接生态脆弱区

该区主要分布于河套平原及贺兰山以西，新疆天山南北广大绿洲边缘区，行政区域涉及新、甘、青、蒙等地区。生态环境脆弱性表现为：典型荒漠绿洲过渡区，呈非地带性岛状或片状分布，环境异质性大，自然条件恶劣，年降水量少，蒸发量大，水资源极度短缺，土壤瘠薄，植被稀疏，风沙活动强烈，土地荒漠化严重。重要生态系统类型包括：高山亚高山冻原、高寒草甸、荒漠胡杨林、荒漠灌丛以及珍稀、濒危物种栖息地等。

4. 南方红壤丘陵山地生态脆弱区

该区主要分布于我国长江以南红土层盆地及红壤丘陵山地，行政区域涉及浙、闽、赣、湘、鄂、苏等6省。生态环境脆弱性表现为：土层较薄，肥力瘠薄，人为活动强烈，土地严重过垦，土壤质量下降明显，生产力逐年降低；丘陵坡地林木资源砍伐严重，植被覆盖度低，暴雨频繁、强度大，地表水蚀严重。重要生态系统类型包括：亚热带红壤丘陵山地森林、热性灌丛及草山草坡植被生态系统，亚热带红壤丘陵山地河流湿地水体生态系统。

5. 西南岩溶山地石漠化生态脆弱区

该区主要分布于我国西南石灰岩岩溶山地区域，行政区域涉及川、黔、滇、渝、桂等省市。生态环境脆弱性表现为：全年降水量大，融水侵蚀严重，而且岩溶山地土层薄，成土过程缓慢，加之过度砍伐山体林木资源，植被覆盖度低，造成严重水土流失，山体滑坡、泥石流灾害频繁发生。重要生态系统类型包括：典型喀斯特岩溶地貌景观生态系统，喀斯特森林生态系统，喀斯特河流、湖泊水体生态系统，喀斯特岩溶山地特有和濒危动植物栖息地等。

6. 西南山地农牧交错生态脆弱区

该区主要分布于青藏高原向四川盆地过渡的横断山区，行政区域涉及四川阿坝、甘孜、凉山等州，云南省迪庆、丽江、怒江以及黔西北六盘水等40余个县市。生态环境脆弱性表现为：地形起伏大、地质结构复杂，水热条件垂直变化明显，土层发育不全，土壤瘠薄，植被稀疏；受人为活动的强烈影响，区域生态退化明显。重要生态系统类型包括：亚热带高山针叶林生态系统，亚热带高山峡谷区热性灌丛草地生态系统，亚热带高山高寒草甸及冻原生态系统，河流水体生态系统等。

7. 青藏高原复合侵蚀生态脆弱区

该区主要分布于雅鲁藏布江中游高寒山地沟谷地带、藏北高原和青海三江源地区等。生态环境脆弱性表现为：地势高寒，气候恶劣，自然条件严酷，植被稀疏，具有明显的风蚀、水蚀、冻蚀等多种土壤侵蚀现象，是我国生态环境十分脆弱的地区之一。重要生态系统类型包括：高原冰川、雪线及冻原生态系统，高山灌丛化草地生态系统，高寒草甸生态系统，高山沟谷区河流湿地生态系统等。

8. 沿海水陆交接带生态脆弱区

该区主要分布于我国东部水陆交接地带，行政区域涉及我国东部沿海诸省（市），典型区域为滨海水线500m以内、向陆地延伸1~10km的狭长地域。生态环境脆弱性表现为：潮汐、台风及暴雨等气候灾害频发，土壤含盐量高，植被单一，防护效果差。重要生态系统类型包括：滨海堤岸林植被生态系统，滨海三角洲及滩涂湿地生态系统，近海水域水生生态系统等。

二、生态脆弱区的主要问题和成因

（一）主要问题

1. 草地退化、土地沙化面积巨大

2005年我国共有各类沙漠化土地174.0万km^2，其中，生态环境极度脆弱的西部8省区就占96.3%。我国北方有近3.0亿hm^2天然草地，其中，60%以上分布在生态环境比较脆弱的农牧交错区，目前，该区中度以上退沙化面积已占草地总面积的53.6%，并已成为我国北方重要沙尘源区，而且每年退沙化草地扩展速度平均在200万hm^2以上。

2. 土壤侵蚀强度大，水土流失严重

西部12省（自治区、直辖市）是我国生态脆弱区的集中分布区。最近20年，由于人为过度干扰，植被退化趋势明显，水土流失面积平均每年净增3%以上，土壤侵蚀模数平均高达

3 000t/hm²/年，云贵川石漠化发生区，每年流失表土约 1cm，输入江河水体的泥沙总量约 40 亿~60 亿 t。

3. 自然灾害频发，地区贫困不断加剧

我国生态脆弱区每年因沙尘暴、泥石流、山体滑坡、洪涝灾害等各种自然灾害所造成的经济损失约 2 000 多亿元人民币，自然灾害损失率年均递增 9%，普遍高于生态脆弱区 GDP 增长率。我国《"八七"扶贫计划》共涉及 592 个贫困县，中西部地区占52%，其中，80%以上地处生态脆弱区。2005 年全国绝对贫困人口 2 365 万，其中，95%以上分布在生态环境极度脆弱的老少边穷地区。

4. 气候干旱，水资源短缺，资源环境矛盾突出

我国北方生态脆弱区耕地面积占全国的 64.8%，实际可用水量仅占全国的 15.6%，70%以上地区全年降水不足 300mm，每年因缺水而使 1 300 万~4 000 万 hm² 农田受旱。西北荒漠绿洲区主要依赖雪山融水维系绿洲生态平衡，最近几年，雪山融水量比 20 年前普遍下降 30%~40%，绿洲萎缩后外围胡杨林及荒漠灌丛生态退化日益明显，并已严重威胁到绿洲区的生态安全。

5. 湿地退化，调蓄功能下降，生物多样性丧失

20 世纪 50 年代以来，全国共围垦湿地 3.0 万 km²，直接导致 6.0 万~8.0 万 km² 湿地退化，蓄水能力降低约 200 亿~300 亿 m³，许多两栖类、鸟类等关键物种栖息地遭到严重破坏，生物多样性严重受损。此外，湿地退化，土壤次生盐渍化程度增加，每年受灾农田约 100 万 hm²，粮食减产约 2 亿 kg。

（二）成因及压力

造成我国生态脆弱区生态退化、自然环境脆弱的原因除生态本身脆弱外，人类活动的过度干扰是直接成因。主要表现在：

1. 经济增长方式粗放

我国经济增长方式粗放的特征主要表现在重要资源单位产出

效率较低,生产环节能耗和水耗较高,污染物排放强度较大,再生资源回收利用率低下,社会交易率低而交易成本较高。2006年中国 GDP 约占世界的 5.5%,但能耗占到 15%、钢材占到 30%、水泥占到 54%;2000 年中国单位 GDP 排放 $CO_2 0.62kg$、有机污水 $0.5kg$,污染物排放强度大大高于世界平均水平;而矿产资源综合利用率、工业用水重复率均高于世界先进水平 15~25 个百分点;社会交易成本普遍比发达国家高30%~40%。

2. 人地矛盾突出

我国以占世界9%的耕地、6%的水资源、4%的森林、1.8%的石油,养活着占世界22%的人口,人地矛盾突出已是我国生态脆弱区退化的根本原因,如长期过牧引起的草地退化,过度开垦导致干旱区土地沙化,过量砍伐森林资源引发大面积水土流失等。据报道,我国环境污染损失约占 GDP 的 3%~8%,生态破坏(草原、湿地、森林、土壤侵蚀等)约占 GDP 的6%~7%。

3. 监测与监管能力低下

我国生态监管机制由于部门分割、协调不力,导致监管效率低下。同时,由于相关政策法规、技术标准不完善,经济发展与生态保护矛盾突出,特别是生态监测、评估与预警技术落后,生态脆弱区基线不清、资源环境信息不畅,难以为环境管理与决策提供良好的技术支撑。

4. 生态保护意识薄弱

我国人口众多,环保宣传和文教事业严重滞后。许多地方政府重发展轻保护思想普遍,有的甚至以牺牲环境为代价,单纯追求眼前的经济利益;个别企业受经济利益驱动,违法采矿、超标排放十分普遍,严重破坏人类的生存环境。许多民众环保观念淡漠,对当前严峻的环境形势认知水平低,而且消费观念陈旧,缺乏主动参与和积极维护生态环境的思想意识,资源掠夺性开发和浪费使用不能有效遏制,生态破坏、系统退化日趋严重。

三、生态脆弱区的恢复与治理

以维护区域生态系统完整性、保证生态过程连续性和改善生态系统服务功能为中心,优化产业布局,调整产业结构,全面限制有损于脆弱区生态环境的产业扩张,发展与当地资源环境承载力相适应的特色产业和环境友好产业,从源头控制生态退化;加强生态保育,增强脆弱区生态系统的抗干扰能力;建立健全脆弱区生态环境监测、评估及预警体系;强化资源开发监管和执法力度,促进脆弱区资源环境协调发展。

(一)具体任务

1. 调整产业结构,促进脆弱区生态与经济的协调发展

根据生态脆弱区资源禀赋、自然环境特点及容量,调整产业结构,优化产业布局,重点发展与脆弱区资源环境相适宜的特色产业和环境友好产业。同时,按流域或区域编制生态脆弱区环境友好产业发展规划,严格限制有损于脆弱区生态环境的产业扩张,研究并探索有利于生态脆弱区经济发展与生态保育耦合模式,全面推行生态脆弱区产业发展规划战略环境影响评价制度。

2. 加强生态保育,促进生态脆弱区修复进程

在全面分析和研究不同类型生态脆弱区生态环境脆弱性成因、机制、机理及演变规律的基础上,确立适宜的生态保育对策。通过技术集成、技术创新以及新成果、新工艺的应用,提高生态修复效果,保障脆弱区自然生态系统和人工生态系统的健康发展。同时,高度重视环境极度脆弱、生态退化严重、具有重要保护价值的地区如重要江河源头区、重大工程水土保持区、国家生态屏障区和重度水土流失区的生态应急工程建设与技术创新;密切关注具有明显退化趋势的潜在生态脆弱区环境演变动态的监测与评估,因地制宜,科学规划,采取不同保育措施,快速恢复脆弱区植被,增强脆弱区自身防护效果,全面遏制生态退化。

3. 加强生态监测与评估能力建设，构建脆弱区生态安全预警体系

在全国生态脆弱典型区建立长期定位生态监测站，全面构建全国生态脆弱区生态安全预警网络体系；同时，研究制定适宜不同生态脆弱区生态环境质量评估指标体系，科学监测和合理评估脆弱生态系统结构、功能和生态过程动态演变规律，建立脆弱区生态背景数据库资源共享平台，并利用网络视频和模型预测技术，实现脆弱区生态系统健康网络诊断与安全预警服务，为国家环境决策与管理提供技术支撑。

4. 强化资源开发监管执法力度，防止无序开发和过度开发

加强资源开发监管与执法力度，全面开展脆弱区生态环境监察工作，严格禁止超采、过牧、乱垦、滥挖以及非法采矿、无序修路等资源破坏行为发生；以生态脆弱区资源禀赋和生态环境承载力基线为基础，通过科学规划，确立适宜的资源开发模式与强度、可持续利用途径、资源开发监管办法以及资源开发过程中生态保护措施；研究制定生态脆弱区资源开发监管条例，编制适宜不同生态脆弱区资源开发生态恢复与重建技术标准及技术规范，积极推进脆弱区生态保育、系统恢复与重建进程。

（二）重点生态脆弱区恢复和治理

根据全国生态脆弱区空间分布及其生态环境现状，本规划重点对全国八大生态脆弱区中的 19 个重点区域进行分区规划建设（参见附件）。

1. 东北林草交错生态脆弱区

重点保护区域：大兴安岭西麓山地林草交错生态脆弱重点区域。主要保护对象包括大兴安岭西麓北极泰加林、落叶阔叶林、沙地樟子松林、呼伦贝尔草原、湿地等。

具体保护措施：以维护区域生态完整性为核心，调整产业结构，集中发展生态旅游业，通过北繁南育发展畜牧业，以减轻草

地的压力；实施退耕还林还草工程，对已经发生退化或沙化的天然草地，实施严格的休牧、禁牧政策，通过围封改良与人工补播措施恢复植被；强化湿地管理，合理营建沙地灌木林，重点突出生态监测与预警服务，从保护源头遏止生态退化；加大林草过渡区资源开发监管力度，严格执行林草采伐限额制度，控制超强采伐。

2. 北方农牧交错生态脆弱区

重点保护区域：辽西以北丘陵灌丛草原垦殖退沙化生态脆弱重点区域，冀北坝上典型草原垦殖退沙化生态脆弱重点区域，阴山北麓荒漠草原垦殖退沙化生态脆弱重点区域，鄂尔多斯荒漠草原垦殖退沙化生态脆弱重点区域。

具体保护措施：实施退耕还林、还草和沙化土地治理为重点，加强退化草场的改良和建设，合理放牧，舍饲圈养，开展以草原植被恢复为主的草原生态建设；垦殖区大力营造防风固沙林和农田防护林，变革生产经营方式，积极发展替代产业和特色产业，降低人为活动对土地的扰动。同时，合理开发、利用水资源，增加生态用水量，建设沙漠地区绿色屏障；对少数沙化严重地区，有计划的生态移民，全面封育保护，促进区域生态恢复。

3. 西北荒漠绿洲交接生态脆弱区

重点保护区域：贺兰山及蒙宁河套平原外围荒漠绿洲生态脆弱重点区域，新疆塔里木盆地外缘荒漠绿洲生态脆弱重点区域，青海柴达木高原盆地荒漠绿洲生态脆弱重点区域。

具体保护措施：以水资源承载力评估为基础，重视生态用水，合理调整绿洲区产业结构，以水定绿洲发展规模，限制水稻等高耗水作物的种植；严格保护自然本身，禁止毁林开荒、过度放牧，积极采取禁牧休牧措施，保护绿洲外围荒漠植被。同时，突出生态保育，采取生态移民、禁牧休牧、围封补播等措施，保护高寒草甸和冻原生态系统，恢复高山草甸植被，切实保障水资

第七章 生态环境恢复与治理技术

源供给。

4. 南方红壤丘陵山地生态脆弱区

重点保护区域：南方红壤丘陵山地流水侵蚀生态脆弱重点区域，南方红壤山间盆地流水侵蚀生态脆弱重点区域。

具体保护措施：合理调整产业结构，因地制宜种植茶、果等经济树种，增加植被覆盖度；坡耕地实施梯田化，发展水源涵养林，积极推广草田轮作制度，广种优良牧草，发展以草畜沼肥"四位一体"生态农业，改良土壤，减少地表径流，促进生态系统良性循环。同时，强化山地林木植被法制监管力度，全面封山育林、退耕还林；退化严重地段，实施生物措施和工程措施相结合的办法，控制水土流失。

5. 西南岩溶山地石漠化生态脆弱区

重点保护区域：西南岩溶山地丘陵流水侵蚀生态脆弱重点区域，西南岩溶山间盆地流水侵蚀生态脆弱重点区域。

具体保护措施：全面改造坡耕地，严格退耕还林、封山育林政策，严禁破坏山体植被，保护天然林资源；开展小流域和山体综合治理，采用补播方式播种优良灌草植物，提高山体林草植被覆盖度，控制水土流失。选择典型地域，建立野外生态监测站，加强区域石漠化生态监测与预警；同时，合理调整产业结构，发展林果业、营养体农业和生态旅游业为主的特色产业，促进地区经济发展；强化生态保护监管力度，快速恢复山体植被，逐步实现石漠化区生态系统的良性循环。

6. 西南山地农牧交错生态脆弱区

重点保护区域：横断山高中山农林牧复合生态脆弱重点区域，云贵高原山地石漠化农林牧复合生态脆弱重点区域。

具体保护措施：全面退耕还林还草，严禁樵采、过垦、过牧和无序开矿等破坏植被行为；积极推广封山育林育草技术，有计划、有步骤地营建水土保持林、水源涵养林和人工草地，快速恢复山体植被，全面控制水土流失；同时，加强小流域综合治理，合理利用当地水土资源、草山草坡，利用冬闲田发展营养体农业、山坡地林果业和生态旅游业，降低人为干扰强度，增强区域减灾防灾能力。

7. 青藏高原复合侵蚀生态脆弱区

重点保护区域：青藏高原山地林牧复合侵蚀生态脆弱重点区域，青藏高原山间河谷风蚀水蚀生态脆弱重点区域。

具体保护措施：以维护现有自然生态系统完整性为主，全面封山育林，强化退耕还林还草政策，恢复高原山地天然植被，减少水土流失。同时，加强生态监测及预警服务，严格控制雪域高原人类经济活动，保护冰川、雪域、冻原及高寒草甸生态系统，遏制生态退化。

8. 沿海水陆交接带生态脆弱区

重点保护区域：辽河、黄河、长江、珠江等滨海三角洲湿地及其近海水域，渤海、黄海、南海等滨海水陆交接带及其近海水域，华北滨海平原为内涝盐碱化生态脆弱重点区域。

具体保护措施：加强滨海区域生态防护工程建设，合理营建堤岸防护林，构建近海海岸复合植被防护体系，缓减台风、潮汐对堤岸及近海海域的破坏；合理调整湿地利用结构，全面退耕还湿，重点发展生态养殖业和滨海区生态旅游业；加强湿地及水域生态监测，强化区域水污染监管力度，严格控制污染陆源，防止水体污染，保护滩涂湿地及近海海域生物多样性。

【案例】

岳西县：在开发中保护　在保护中开发

安徽省岳西县位于大别山腹地，地处江淮分水岭，境内的河流北接皖河、南达潜山怀宁，是安庆、六安几个县市的山水之源,生态环境状况将直接影响着这些县(市)的生态环境质量。为守护好绿水青山,建设美丽国家级生态县。近年来,岳西县国土资源部门在稳妥推进矿山开发、科学保障发展的同时,采取科学治理措施,多举措推进矿山生态环境恢复治理工作。

科学利用"矿山垃圾"

岳西县现有矿山企业16家,主要开采钾长石、花岗岩等矿产。矿业开采过程中产生了大量的矿渣、粉尘及尾矿等"矿山垃圾",给生态环境造成一定的破坏,当地群众的生产生活因此受到很大影响。为改善生产生活环境,消除"矿山垃圾"带来的隐患,该县国土资源部门主动介入,与矿山企业共同探索"矿山垃圾"问题解决之道。

建尾矿库——该局要求矿山企业组织技术人员对尾矿库建设进行勘查、选址、规划,按标准建好尾矿库,并对施工建设过程进行全程质量监理、安全监督,利用矿山企业处置尾矿渣的最有效方式之一,确保矿山企业生产出的尾矿得到有效处理,不形成二次污染。

科学利用废渣——尾矿库的存在也带来新的问题,那就是既需占用大量土地,而且可能存在安全隐患,还要投入大量的人力、物力与技术去加以监管,也给矿山企业增加了新的负担。在现实问题面前,岳西县国土资源局认为尾矿库建设只是治标不治本的权宜之计,要彻底清除"矿山垃圾",根本出路还在于通过技术创新,来消化尾矿,使之得到合理再利用。为此,该局全力支持矿山企业走资源创新利用之路。在该局的鼓励、引导下,经科学论证,许多矿山企业和岳(西)武(汉)高速隧道打出的废渣,经公开招拍挂后,颗粒大的被用于铺设路基,颗粒细微的被用于洗沙再次成为建筑材料。3年来,全县各类弃渣273.08万t,均科学利用、变废为宝。

依法整治沙石开采

岳西县沙石资源丰富,随着各种开发建设项目的增多,沙石成了非常畅销的建材原料。由于暴利的驱使,非法采石、采沙案件时有发生,一些河流被污染,部分农田、耕地遭到损毁,带来安全隐患。

为此,岳西县国土资源局对非法采沙、采石问题开展专项整治活动,会同县安监局、市场监管、公安、供电等部门,长期进行巡查,先后查处关闭了头陀镇6家、县城规划区家水源地的非法采石、采沙点,重新规划了采沙、洗沙点并通过正规程序依法出让。此外,还加强对重点工程的土石挖运、弃放的安全监管工作,严防工程沙土流泻,给村庄、农田、道路、河流带来危害。经过依法整治,现在该县的非法采石、采沙问题已得到有效根治。

强化矿山生态治理

岳西县国土资源局积极探寻符合实际的矿山生态环境恢复治理之路,制定了一系列的措施。该局规定,矿山企业每年必须向县国土资源局提交《矿山生态环境恢复治理工作方案》;要落实"边开采、边治理"规定,通过植树种草做好矿山复绿工作;要缴纳矿山生态环境恢复治理保证金,不缴纳的不予通过年检。自2008年以来,该县矿山企业已缴纳生态环境恢复治理保证金312.135万元,为恢复治理全县矿山地质环境奠定了坚实基础。

为了加大矿山复绿力度,该局还采取典型示范引路的措施,树立矿山复绿典型。在该局的努力推动下,许多矿山企业除了按规定梯级开采之外,还采取在开采坡体上砌挡土墙以避免溜方等措施进行生态治理,取得了良好成效。原来"青山挂白"的矿点都进行了复绿,昔日的不毛之地,如今都长出了郁郁葱葱的植被。

第八章　生态减灾技术

第一节　农业灾害概述

一、农业自然灾害的概念

自然灾害是以自然变异为主要原因而给人类的生存和社会发展带来不利后果的祸害。农业自然灾害是指影响农业生产正常进行和对农作物收成起破坏作用的自然灾害。我国是一个多自然灾害的国家，南涝北旱、雨雪冰冻、台风、地震以及沙尘暴等多种自然灾害给人民生活和社会经济发展带来了巨大的损失。因此，认识它的发生、发展规律、分布规律等，提高全民族防灾减灾意识，对我国今后的可持续发展有着重要的意义。

二、我国农业自然灾害的类型

1. 气象灾害

气象灾害包括洪涝、干旱、低温冻害、大风、冰雹、沙尘暴等。在诸多自然灾害中，气象灾害对人民生命财产造成的损失最大（57%）。气象灾害的分布与气候及地形条件密切相关。例如，旱涝灾害集中分布于东北平原、黄淮海平原及长江中下游平原。温度有关的低温冷害、冰雪灾害等主要发生在气候寒冷的东北地区及地势高峻的青藏高原地区。暴风（包括台风）灾害则以冬季风强盛的西北、北部地区及夏季风强盛的东南、东部沿海地区最为严重。

2. 生态灾害

包括水土流失、沙漠化、赤潮等。生态灾害显见于北方干旱、半干旱地区及南方丘陵山地，这些地区生态条件比较恶劣，易受自然变化及人类活动的影响。其中，荒漠化集中于西北及长城沿线以北地区，如塔里木盆地周围、额尔多斯高原、河西走廊等地区是我国荒漠化多发重发区。水土流失灾害以黄土高原、太行山区及江南丘陵地区最为严重。石漠化则以我国的云、贵、桂三省区最为严重。

3. 生物灾害

生物灾害在全国普遍存在，包括虫害、鼠害和杂草等，其危害程度与各地区的气候条件、耕作制度及管理方式等因素有关。

4. 生态地质灾害

我国地质环境复杂，自然变异强烈，灾害种类齐全，主要有地震、滑坡、泥石流、活火山、崩塌和地面裂缝等。而地震因发生隐藏性强，爆发突然，毁坏程度巨大，被称为"群害之首"。我国山区面积占国土总面积的2/3，地表的起伏增加了重力作用，加上人类不合理的经济活动，地表结构遭到严重破坏，使滑坡、崩塌和泥石流成为一种分布较广的自然灾害。

三、我国农业自然灾害的特征

1. 灾害种类多，造成灾害类型复杂多样

我国地域辽阔，构造复杂，地理生态环境多变，有各种灾害发生的生态条件。与世界其他国家相比，我国的灾害种类几乎包括了世界所有灾害类型。我国大部分地区处于地质构造活跃带上，地震活动随处可见。我国又是一个受季风影响十分强烈的国家，受季风影响，导致寒暖、干湿度变幅很大；年内降水分配不均，年季变幅亦大，干旱发生的频率高，范围广，强度大，暴雨、涝灾等重大灾害时常发生；冬季的寒潮大风天气常常导致低温冷害，冰雪灾害等。

2. 灾害发生范围广，造成灾害影响面大

我国东西、南北间，一年四季几乎总有灾害发生。春季北方有"十年九旱"之称，江南多低温连阴雨。春夏之交北方常有干热风，南方多冰雹、雷雨、大风和局部暴雨。夏秋是我国灾害最多的季节，自南而北先后多暴雨、洪涝，盛夏多伏旱，夏秋之交沿海多台风、风暴潮。秋季在东北地区常有早霜袭击，长江中下游有"寒霜风"危害。冬季全国各地都有寒潮、霜冻威胁。牧区有"白灾"和"黑灾"。

3. 灾害发生频率高，造成灾害频繁

洪涝和干旱是对农业危害最大的两种自然灾害，其出现的时间和地区都比较集中。危害程度很大。南方一般发生在5~6月，北方7~8月。珠江、长江、淮河、黄河等流域是旱涝最频繁的地区，一般平均每两年都会发生一次大的旱涝灾害，一般的旱涝灾害更是频繁。

4. 时空交替分布，对农业的影响复杂

因受副热带高压活动的影响，我国汛期雨带自南向北的推移呈跳跃形式，其前进速度或停滞时间异常会形成一方出现洪涝，而另一方出现干旱的情况。因此，干旱与洪涝在地区分布上往往是相嵌分布，最常见的形式为南涝北旱，南北涝中间旱，或北涝南旱。由于我国农业自然灾害具有种类多、范围广、频率高并有群发和诱发其他灾害等特征，因此，对农业造成的危害是十分严重的。

第二节　农业生物灾害减灾技术

农业生物灾害主要是指由严重为害农作物的病、虫、草、鼠等有害生物在一定的环境条件下暴发或流行造成农作物及其产品巨大损失的自然变异过程，从其成因上大体可分为农作物病害、农业虫害、农田杂草和农田鼠害等几大类。这些生物灾害对农业生产的毁灭性危害主要表现在两个方面：第一，造成农作物大面积的减产甚至绝收；第二，导致农产品大批量变质，造成严重的经济损失。根据联合国粮农。组织估计，世界谷物生产因虫害常年损失14%，因病害损失10%，因草害损失11%；棉花生产因虫害常年损失16%，因病害损失12%，因草害损失5.8%。我国农业生物灾害的现状与这个估计类似。据不完全统计，全国每年防治病、虫、草、鼠的总面积已超过30亿亩次，防治费用逐年增大，仅农药投资一项已高达每年20亿元。由于我国农业有害生物种类繁多，成灾条件复杂，每年都有一些重大病、虫、草、鼠害暴发或流行，呈现出此伏彼起、猖獗为害的严重局面。加之各地对农业生物灾害的监测预报水平和防灾抗灾能力各异，虽经有关部门大力研究和推广综合防治技术，多方组织力量防治；我国因农业生物灾害每年损失粮食仍高达400亿kg，损失棉花2 000万kg，并且严重降低水果、蔬菜、油料以及其他经济作物的产量和品质，常年给国家造成近100亿元的经济损失，严重地影响着农业年度的丰歉、国家计划的安排和人民生活的改善。

一、农业生物灾害减灾技术有哪些主要措施

防治农作物的病、虫、草、鼠等有害生物并减轻其为害程度是保障农业稳产、高产和提高农产品质量的重要途径。新中国成立以来，广大农业科技工作者坚持理论联系实际、深入探索病、虫、草、鼠等有害生物的灾变规律，不断总结经验，努力研究控制和减轻有害生物为害的关键技术，几十年来，已初步形成了具有中国特色的有害生物综合治理体系。目前，在生产上广泛使用的防治农业有害生物、减轻农业生物灾害的主要措施，可以归纳为以下5个方面。

第一,充分利用我国丰富的种质资源,大规模选育和推广种植抗病虫作物良种,充分发掘和利用农作物自身的抗耐害及补偿能力,抑制和减轻病、虫等生物灾害。

第二,积极保护和利用自然界的有益生物,如蜘蛛、蛙类、益虫、益鸟及有益微生物等,应用生物防治技术控制农作物的病、虫、草、鼠害。

第三,推行土、肥、水、温、光、气等多因素综合协调管理的保健栽培技术,创造有利于农作物生长发育、不利于有害生物滋生繁衍的生态条件,控害减灾、增产增收。

第四,发展高效、低毒、低残留的农药新品种、新剂型,推广应用各种高效率的现代化农药喷洒工具,合理地使用化学农药,科学地发挥农药在有害生物综合治理体系中应有的作用。目前,我国生产的农药共 200 多种,年产化学原药 21 万 t,是控制和减轻农业生物灾害的重要物质保证。

第五,严格执行农业植物检疫法规,杜绝危险病、虫、杂草等从国外传入或在国内从疫区向非疫虫传播扩散,防患未然,保护农业生产的安全。

二、植物检疫是限制危险性农业生物灾害的一项根本性措施

自然界中为害农作物的病、虫、杂草等有害生物一般都有一定的分布范围和发生区域。有些种类分布范围较广,已遍布世界大多数农作区,成为世界性的农业公害;有些种类分布范围较小,仅限于局部地区发生,对当地的农作物造成危害。构成这种局部发生为害的原因有两种可能性:一是其他地区的环境条件不适宜或缺乏寄主植物,限制了某些有害生物的传播或蔓延;二是尚无机会到达其他地区。但是,他们中的许多种类,包括某些危险性病、虫、杂草,是可以随着人类的活动如调动植物及其产品而传播的。到达新区后,有些种类就可能生存并繁衍下来,一旦

遇到适宜的气候和环境条件就会迅速蔓延成灾,对新区的农业生产造成毁灭性的损失,而且常因难于根治而留下无穷后患。随着社会的进步和发展,国际间或地区间的人员往来和植物及其产品的交流日趋频繁,极大地增加了危险性病、虫、杂草等有害生物传播和扩散的机会。为了防止和限制危险性病、虫、杂草的传播,同时,保护农业生产的安全和对外贸易的正常进行,世界上大多数国家都颁布专门的法规对出入境的动植物及其产品进行检疫。我国政府对于植物检疫工作非常重视。新中国成立以来,国务院及所属各有关部、委、办发布的对内、对外植物检疫法规已有100多项。尤其是国务院1982年颁发的《中华人民共和国进出口动植物检疫条例》和1983年公布的《中华人民共和国植物检疫条例》是我国有史以来植物检疫的两个正式法规。同时,我国在重要的国境口岸设立了动、植物检疫所,在省、地、县各级成立了植保植检站,组成了全国性的植物检疫网络,运用科学技术方法,依照法规对出入境的动植物及其产品、境内调运的植物种、苗实施检疫,有力地防止了国外危险性病、虫、杂草的传入,控制了国内多种局部发生的危险性病、虫、杂草的蔓延传播,保护了农业生产的发展。近年来,随着我国农业现代化的发展,出现了日益频繁的国际种、苗贸易和国内地区间种、苗调运以及以科研为目的的种质资源交流,严格地实施植物检疫,就成为限制危险性农业生物灾害的一项根本性措施。

第三节　农业气象灾害减灾技术

农业生产环境的恶化及其未来发展趋势以及人类活动造成的气候极端事件增多等负面效应,无疑给我国农业生产带来了更多的障碍和不利因素。从农业生产的气象环境角度出发,最重要的任务是要瞄准世界科技前沿,充分利用各种高技术手段,对复杂

第八章 生态减灾技术

多变的农业气象环境和农业生产过程进行全程、动态和准确的监测，开展有针对性的气象保障和减灾防灾调控服务，使气象科技对农业生产的服务和贡献上一个新台阶。要建成一个农业生产气象保障与调控综合系统，对农业生产气象环境的变化及其影响作出客观定量的诊断和评估，提出有针对性的建议措施；对未来可能发生的农业气象灾害能及时准确预测，并制定出相应的防御应变调控技术。不仅要利用人工增雨技术来减轻干旱对农业生产的直接危害，而且要立足于开发利用空中云水资源，缓解水资源的短缺，达到开源与节流并重。

1. 农业生产气象信息服务保障

（1）气象卫星信息服务与保障。利用气象卫星信息进行地表水资源分布、区域水体结构特征以及干旱遥感监测技术和方法研究，建立不同植被覆盖条件下的干旱监测模型，建立干旱等级（轻旱、中旱、重旱）的遥感分类方法。洪涝遥感分析包括薄云条件下水体结构识别和洪涝区面积精确计算，提供洪涝区面积变化遥感监测信息。利用多种气象卫星开展夏粮和秋粮长势遥感监测分析，提供生长期内卫星遥感作物长势及其变化动态。

（2）气象—气候预测产品应用服务与保障。针对影响农业生产的关键性气象问题（如冰雹、暴雨、大风、干热风以及早、晚霜冻等灾害）和灾害性气候事件（干旱、洪涝、冷害等），充分运用多种气候监测信息，综合现代数值天气预测、雷达和卫星遥感信息分析预测、现代综合统计预测和中期集合预测方法以及长期气候预测方法等，发展直接针对作物生长关键时段和关键性农业气象灾害的中、短期综合预测技术和长期预测新技术以及将加工处理的区域性农业气象灾害预测产品更迅速分发到农业生产的决策指挥和服务部门，为作物生长关键时段各类农业气象灾害的减灾防灾调控技术的实施，提供咨询服务。

（3）气象信息决策服务与保障。提出不同时段作物生长与气象条件关系的诊断指标，建立作物生长气象环境保障的成套技术，包括各种信息和产品的释用、传输及可视化和咨询服务等。在农业气象研究成果的基础上，充分利用各种气象信息资源，建立定量、动态的农业生产气象条件对农作物生长发育及产量形成影响的诊断指标，建立开放式的智能专家系统。诊断指标知识库及决策服务系统将建立在地理信息系统基础上，针对不同地区、不同时间、不同作物建立气象条件影响指标，以便对作物生长过程中的气象问题（包括灾情）进行诊断分析。建立一个集数据校验、填图、绘图、等值线分析于一体，辅以与之配套的农业气象情报指标系统和知识库，采用人机交互的方式，综合集成，完成各种情报产品的制作，使情报分析评价业务向自动化、客观、定量和高度集成方向发展。同时，积极采用网络技术、多媒体技术，为各级农业生产的决策和管理部门快速提供直观的图、文、表、音等综合集成的信息产品，使管理决策更加科学化。在农业产量气象统计预测模式的基础上，加强产量预报工作的规范化、模式化。重点发展新一代动力—统计产量预测模型和基于GIS、作物生长动力模型的作物遥感估产综合预报方法及业务系统。

（4）气候影响评价服务与保障。从农业生产过程及其与环境气象条件的相互关系入手，研制新一代的机理性农业气象影响评估模型，进而提高评价分析的客观定量化程度和科学水平，并投入信息保障服务业务，及时提供评价服务产品。利用多种模型集成结果，生成农业气象影响评价服务产品，建成一套可供业务化使用的服务系统，系统有良好的界面，用户使用方便，可为用户提供各种单一的、综合的监测、诊断、预测保障信息。

2. 农业生产气象灾害防御与调控

针对我国气象灾害严重影响农业生产的状况，根据不同地区重大农业气象灾害的致灾条件和农业生态环境特点，结合有关农业生产气象信息库和服务保障系统，寻找农业气象灾害防御技术

第八章 生态减灾技术

的最佳实施方案及集成方法,形成农业生产气象灾害减灾防灾业务体系,保障农业生产的持续稳定发展。农业气象灾害的防御是一个系统工程,需要在综合监测的基础上,通过对致灾因子、孕灾环境和承灾体之间相应关系的判别,采用不同的物理、化学和生物等防御技术,建立一个防灾减灾的综合应变决策服务系统。

农业气象灾害的防御手段主要有生物、物理和化学等技术,针对不同的灾种需要采取不同的防御技术或几种防御技术组合使用才能达到防御的目的。

(1) 农业干旱防御与调控。应用农业生产气象信息服务保障系统,根据不同气候类型地区、不同作物及其不同生育阶段干旱的发生规律和危害机理,重点发展利用气象信息的非工程性节水农业技术,包括根据气象条件、作物状况和土壤特性确定的优化。

灌溉模型和灌溉日程表决策系统。华北地区采取土壤增墒保墒抗旱技术,提高作物水分利用效率;西北半干旱地区采取抑蒸技术和集水技术,对已有抗旱技术组装配套,形成综合技术体系;南方地区采取防御伏旱、季节性干旱的综合应变技术。

(2) 农田涝渍灾害防御与调控。根据农业生产气象信息综合处理系统,针对农田涝渍灾害的致灾程度、综合影响及定量评估方法以及重点发生区域,建立防灾抗灾与农业增产相结合的基础体系,包括农田排灌基础设施配套,建立防灾抗灾耕作栽培体系,构建耐渍、避洪的复合高效生态系统等。制定防灾抗灾、临灾对策和灾后应变措施,包括灾害判别、灾后补救、改种补种、促进成熟、损失弥补等。

(3) 作物低温灾害防御与调控。利用农业生产气象信息数据库,推广新型增温、助长、促早熟的制剂及不同气象条件的制剂使用技术,形成投入少、效果明显、可操作性强、便于推广应用的综合防霜技术体系。推广避霜、抗霜和减霜等减轻霜冻危害的实用技术和制剂。将化学（生物）制剂与其他防霜技术相结合，形成综合的防御应变技术体系；筛选提高小麦抗旱冻能力的植物生长调节剂，研制基本无积雪条件下麦田的冬季保墒技术和消除或减少干土层的措施以及麦苗旱冻和融冻伤害的补救措施，组装北方小麦旱冻及融冻型冻害防御区域配套技术。

（4）不利气候环境的长期宏观调控。从降低风险、趋利避害的角度研究农业生产主要气候灾害（农业干旱、作物冷害、霜冻、农田涝渍等）对农作物的影响和风险，为防灾减灾宏观调控和风险管理提供科学依据。

研制根据气候资源、农业生态环境动态变化和短期气候预测结果主动防御不利气候环境的宏观调控技术。如最佳配置作物种植结构和合理搭配品种熟型；调整作物适宜品种和最佳播期等栽培管理措施；根据农作物生长过程中重大天气气候灾害致灾因子的孕灾环境，进行风险辨识，建立灾害评估模型。根据气象灾害风险分析、农作物产量长期变化规律，对未来 10~30 年粮食作物丰歉进行预测，为 16 亿人口的食物安全保障问题提供科学依据和战略安排。

3. 农业生产人工增雨作业与调控

该项工作的技术关键是对云系中可转化为人工增雨部分水量的时空分布进行预测、识别和转化。着眼于降水云系的全过程，在云系最适合的时段跨省区作业，而不是被动、分散、孤立地等待系统，致使失去或减少作业的最好机会；加大作业面积和次数，形成效益规模化，将云系中适合催化区域的空中水资源充分转化为有经济效益的降水，提高在缓解干旱和水资源短缺中的贡献率；不仅在旱季、旱区作业，还要充分利用非旱季、非旱区有利于转化的空中水资源开展作业，配合水利、农业节水工程，使人工增雨储蓄在土壤、地表和地下，供调蓄使用，并可通过水利设施向邻区输水，提高人工增雨有效利用率；通过催化时机的及时识别、判断，充分利用云系的动力和微物理条件以及有效催化的实施，切实提高空中水资源转化率，使人工增雨效率提高到10%～20%。

（1）人工增雨识别与指挥。通过直接测量和遥感遥测，以及数值模式预测，建立规模化、综合性的适时识别云系中可降水云催化作业时空分布（部位、时机和催化剂用量）量化判别的新技术，包括卫星云图资料、雷达资料、无线电探空和 GPS 探空资料及机载粒子综合资料等。将探测数据、数值模式诊断分析、预报系统产品等资料综合集成，提出云系中稳定上升区、丰富过冷水区和暖水区，以及冰相粒子和大云滴浓度低值区的量化指标、最佳催化剂类型、用量及核化（活化）方式。适时、稳妥、准确地将测量数据、综合判据、作业决策等实现互传，并由地面指挥中心、外场（飞机、地面作业点）和挂靠的省级（气象）区域网通过无线和有线实现传输。

（2）人工增雨地—空平台催化。它由地面催化、飞机催化和高效催化剂构成。针对不同天气系统催化云的特点，考虑催化剂对云物理环境的可能影响，提出采用催化剂的类型、撒播速率、最优释放方法，以保证播入催化剂能有效促进空中水资源转化，及时降水。

（3）空中水资源开发与调控。该项工作的核心是提高空中水转化为降水的贡献率。经过地面水利、农业节水工程和增水补给、贮蓄，形成空中—地面、地下水资源的立体调蓄。干旱季、干旱区通过人工增雨补充土壤、地表、地下水的亏缺；非干旱季和非干旱区，通过人工增雨补充蓄水不足或贮蓄在地表、土壤、地下，再通过水利设施向邻区供水。

第四节 农业地质灾害减灾技术

农业地质灾害是在地貌、地质背景条件下,由于自然地质作用和人为活动所引起的地质环境恶化与地质体破坏而危及、影响农业生产活动或降低农(林、牧、副、渔)业产量、质量的灾害事件,或者说,凡直接或间接危害农业、农村、农民的地质灾害即是农业地质灾害。它是地质灾害在农业上的表现,既属于地质灾害的范畴,也是农业灾害的重要内容。一般就地质环境或地质体变化的速度而言,可将农业地质灾害分为突发性灾害(如滑坡、崩塌、泥石流等)与缓变性灾害(如土地沙漠化等)两大类。我们可以从以下几方面做好地质灾害的减灾工作。

1. 重视宣传教育工作

一是宣传防灾减灾的重要性,要使广大干部、群众、学生充分认识农业地质灾害的严重性和危害性,增强防灾减灾的紧迫性和责任感,使人人重视减灾、个个自觉防灾;二是搞好防灾减灾的科普工作,要通过举办广播、电视讲座,出黑板报和墙报,编写科普读物和画册等形式,让广大群众了解、掌握农业地质灾害的一般知识、发生前兆、发展规律、防御措施和自测、自报、自救、自治方法等,真正做到化被动治灾为主动防灾。

2. 加强法规制度建设

第一,必须加快农业地质灾害法规、规章和制度建设,尽早出台《江西省农业地质灾害防治管理办法》,并逐步完善与之相配套的工作的实施细则和工作制度。第二,要加大执法力度,对因不当生产活动,如乱采滥挖矿产资源、超采地下水、盲目修建工程项目等诱发农业地质灾害造成重大损失的,要依法追究有关责任人的责任。第三,对严格执法,在全省减轻农业地质灾害中表现突出的单位和个人,要给予表彰和奖励。

3. 建立灾害信息系统

农业地质灾害的防治是涉及多部门、多学科、面广量大的综合性工作，减轻农业地质灾害要从理学（自然规律）、工学（防治的工程技术）和律学（管理的政策、法规等）3个方面去研究实施。应充分利用 GIS、GPS、RS 等高新技术，建立农业地质灾害信息网络，建成多渠道、多途径的综合信息系统，定量评价农业地质灾害的稳定性及动态趋势的预测，从已知到未知进行分析研究，从中捕捉灾情预警预报，做到早防早治，使农业地质灾害的损失减少到最低限度。

4. 加大综合治理力度

（1）加大资金投入。农业地质灾害治理任务重、周期长、投入大、见效慢，其中，资金投入最为关键。据有关资料，农业地质灾害防治工程的资金投入与产生的经济效益之比为 1∶20，社会效益、生态环境效益还不计在其中。资金筹措可通过多渠道、多方式进行，如在收取矿山资源补偿税中抽取一部分作为整治费或直接收取农业地质灾害防治费，政府补贴一部分等办法来解决，设立农业地质灾害防治资金，专款用于防灾、减灾和综合治理。重大农业地质灾害的治理要与国土开发整治相结合，统筹规划，综合治理。

（2）进一步健全全省、地（市）、县三级农业地质灾害监测预报系统，全面开展群测群防工作，实行专业监测与群测群防相结合。

（3）全面开展省、地（市）、县农业地质灾害防治规划工作，有计划地推进重点农业地质灾害点的治理和重点农业地质灾害地区综合防治示范区工作。

5. 开展灾害科学研究

首先，要加速培养和造就灾害学人才；其次，高度重视农业地质灾害的科学研究，对灾种、灾兆、灾损、灾度、灾害发生演变规律及防灾减灾技术等展开系统研究,力争早出成果、快出成果、出大成果;再次,将科研成果尽快应用于生产实践,使其尽快转化为生产力,从而为减轻全省农业地质灾害作出贡献。

【案例】

根据农业结构完善气象灾害防御措施

青岛市气象局根据全市各地农业结构和主要农业气象灾害风险,加强开展精细化农业气候区划和气象灾害风险区划,进一步完善农业气象灾害防御措施。

青岛市气象局为给农业生产提供有利气象技术支撑,计划在青岛三农专项实施区市选取优质、高产、高效作物品种及特色作物和设施农业等,分析光照、温度、降水等气象因子的强度及时空变化,开展精细化农业气候区划,合理开发利用当地气候资源,分析其最佳种植区、适宜种植区和不宜种植区。

在气象灾害风险区划方面,青岛市气象局将根据作物、蔬菜、水果等种植分布和前期气象灾情普查资料,结合走访、实地调查,完成农业气象灾害隐患排查。针对当地主要农业气象灾害和对农业生产的影响,开展农业气象灾害风险区划,分析其高风险区、中风险区、低风险区。根据气象灾害风险区划成果,修订完善气象灾害防御规划。

青岛市气象局将收集全市农民专业合作社、专业大户、涉农企业等新型农业经营主体信息,建立完善重点服务对象信息库,与新型农业经营主体建立"直通式"联系,明确气象服务产品发送方式、渠道和流程等,提高农业气象服务质量。

参考文献

[1] 曹林奎. 农业生态学原理 [M]. 上海：上海交通大学出版社，2011.

[2] 李英，谷子林. 规模化生态放养鸡 [M]. 北京：中国农业大学出版社，2010.

[3] 李维炯. 生态农业学 [M]. 北京：中央广播电视大学出版社，2010.

[4] 刘德江. 生态农业技术 [M]. 北京：中国农业大学出版社，2014.

[5] 朱奇. 高效健康养羊关键技术 [M]. 北京：化学工业出版社，2011.